高等院校艺术设计专业“十三五”规划教材

景观设计概论

主　编　牛　琳
副主编　金田野　罗　雯　贺　睿　任　璐

Jingguan Sheji Gailun

华中科技大学出版社
http://www.hustp.com
中国·武汉

内容提要

《景观设计概论》是景观设计的基础理论课程所使用的教材，对形成学生景观设计的思维能力与设计技巧、培养学生的基本专业素质起着重要作用。全书共有五章：第一章阐述了景观设计的基本概念及相关理论；第二章以不同时期的著名园林景观为代表，简述了园林景观从古典到现代的发展历程及艺术特点；第三章介绍了景观设计要素的内容，并图解了景观设计元素营造空间、界限、道路、焦点、节点和细部的方法；第四章结合案例介绍了景观设计的程序和方法，重在引导学生用场地调查研究方法及实践来展开景观设计，培养他们独立分析和解决问题的能力；第五章介绍了形态构成中的审美问题和形式美法则。

本书采用图文结合的方式组织编写，深入浅出，适用于高等院校环境设计专业教学，也可供同等学力和艺术设计爱好者使用。

图书在版编目（CIP）数据

景观设计概论 / 牛琳主编. — 武汉：华中科技大学出版社， 2016.5（2022.7重印）

应用型本科艺术与设计专业“十二五”规划精品教材

ISBN 978-7-5680-1840-1

Ⅰ.①景…　Ⅱ.①牛…　Ⅲ.①景观设计 – 高等学校 – 教材　Ⅳ.①TU986.2

中国版本图书馆 CIP 数据核字(2016)第 115857 号

景观设计概论　　　　牛　琳　主编
Jingguan Sheji Gailun

策划编辑：袁　冲
责任编辑：刘　静
封面设计：孢　子
责任校对：刘　竣
责任监印：朱　玢
出版发行：华中科技大学出版社（中国·武汉）　　电话：（027）81321913
　　　　　武汉市东湖新技术开发区华工科技园　　邮编：430223
录　　排：武汉正风天下文化发展有限公司
印　　刷：广东虎彩云印刷有限公司
开　　本：880 mm × 1230 mm　1/16
印　　张：12.25
字　　数：356 千字
版　　次：2022 年 7 月第 1 版第 3 次印刷
定　　价：49.00 元

前　言

景观设计概论是景观设计类专业的基础课程之一。为了解决上课急需，我们结合多年的教学经验并借鉴前人的成果编写了本书。本书由武汉设计工程学院环境设计系牛琳担任主编。本书编写分工如下：牛琳拟订编写大纲、负责统稿并编写景观设计程序和基本方法的相关内容；任璐编写设计概论的相关内容；罗雯编写历史案例部分；金田野编写景观设计元素的相关内容；贺睿编写美的形式法则等内容。

本书理论联系实际、深入浅出、图文并茂、重点突出、案例丰富，可供高等院校尤其是应用型院校环境设计专业、风景园林专业的学生使用，也可供同等学力者和艺术设计爱好者使用。

本书的出版得到了武汉设计工程学院、华中科技大学出版社的大力支持，在此表示真诚的感谢！

牛　琳

2016 年 3 月 13 日

目　录

第一章　绪　论

景观设计是一门科学的艺术，科学性与综合性强是景观设计的特性。景观设计包含了十分广泛的专业内容，涉及地质、气象、生态、自然生物、自然植物、社会、历史、艺术等多门学科。随着时代的发展，景观设计逐渐成为一门新兴的学科。

第一节 景观设计的相关概念

一、景观的概念

“景观”一词最早出现在希伯来文本的《圣经》中，用于对圣城耶路撒冷整体美景，包括所罗门寺庙、城堡、宫殿等的描述。“景观”较早的含义更多地具有视觉美学方面的意义，即与“风景”同义或近义。在早期的西方经典的地理学著作中，景观主要用来描述地质地貌的属性，常等同于地形这一概念。“景观”一词在英文中译为“landscape”，各种辞典对“景观”进行解释时，一般是将自然风景的含义放在首位。

景观环境是由人类赖以生存的土地及土地上的空间和物质所构成的综合体，如图 1–1 所示。俞孔坚（2002）认为，景观环境包含以下几方面的含义。

（a）

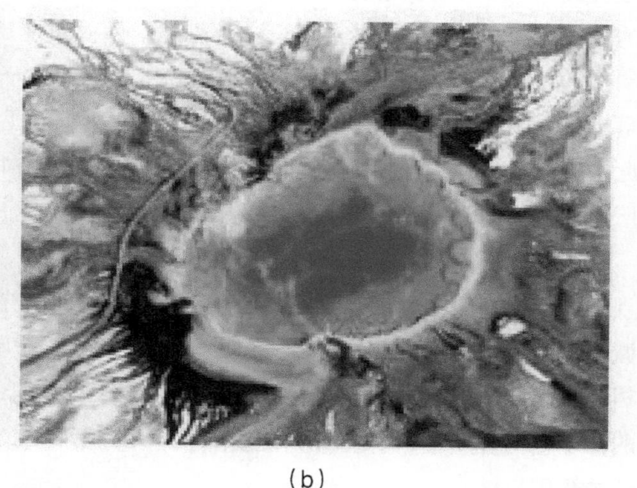

（b）

图 1–1 景观环境

（1）风景：视觉审美过程的对象。

（2）栖居地：人类生活的空间和环境。

（3）生态系统：具有结构和功能、具有内在和外在联系的有机系统。

（4）符号：人类记载过去，表达希望与理想，赖以认同和寄托的语言和精神空间。

我国的景观生态学家肖笃宁（1997）将“景观”定义为：景观是一个由不同土地单元镶嵌组成、具有明显视觉特征的地理实体；是处于生态系统之上、大地理区域之下的中间尺度，兼具经济、生态和文化的多重价值。

当今的景观概念已涉及地理、生态、园林、建筑、文化、艺术、哲学、美学等多个方面。由于景观研究是一项指出未来发展方向，指导人们行为的研究，因此它要求人们跨越所属领域的界限，突破熟悉的思维模式，从而建立与该领域融合的基础。

二、景观设计的相关概念

景观设计学是一门建立在自然科学和人文科学基础上的应用学科，强调土地的基础设计与土地历史人文和艺术的关怀。景观设计学也是关于景观的分析、规划、布局、改造、设计、管理、保护和恢复的科学和艺术。在景观设计中，景观应包含景象、生态系统、资源价值、文化内涵等多重含义。

“美国近代园林之父”弗雷德里克·劳·奥姆斯特德（见图 1–2）认为，景观设计是一门用艺术的手段处理人与人之间、建筑与环境之间复杂关系的学科。美国景观设计师协会（American society of landscape architecture，ASLA）关于景观设计的定义是：景观设计是一种包括自然及建成环境的分析、规划、设计、管理和维护的职业。刘滨谊（2005）认为：景观设计是一门综合性的、面向户外环境建设的学科，是一个集艺术、科学、工程技术于一体的应用型专业；其核心是人类户外生存环境的建设，涉及的学科专业极为广泛，包括区域规划、城市规划、建筑学、林学、农学、地学、管理学、旅游、环境、资源、社会文化、心理等。俞孔坚认为，景观设计学是关于景观的分析、规划、布局、改造、设计、管理、保护和恢复的科学和艺术。景观设计既是科学又是艺术，两者缺一不可。景观设计师需要科学地分析土地、认识土地，然后在此基础上对土地进行规划、设计、保护和恢复。如图 1–3 所示为现代景观设计实例。

图 1–2　弗雷德里克·劳·奥姆斯特德

无论是从广义的角度来看还是从狭义的角度来看，景观设计都是一门综合性很强的学科。在广义的规划环节中，规划包括场地规划、土地利用规划、控制性规划、城市设计、环境规划和其他专业性规划。规划还需要与建筑师配合进行，需要体现在建筑面貌的控制、城市相关设施的规划设计等方面。区域内自然系统的规划设计与环境保护，还牵涉环境规划（涉及环境规划的目的在于维持自然生态系统的承载力和可持续性发展）。从狭义的角度来看，场地设计与户外空间设计是景观设计的基础与核心。

盖瑞特·埃克博认为，景观设计是指除建筑物道路和公共设备以外的环境景观空间设计。狭义的微观景观设计包含许多要素，如地形、水体、植被、建筑及构筑物、公共艺术品等，它的主要设计对象是城市开放空间（包括广场、步行街、居住区环境、城市街头绿地和城市滨湖、滨河地带等），从事微观景观设计的目的是不但要满足人类生活功能和生理健康的要求，而且还要不断提高人类生活的品质，丰富人的心理体验，满足人的精神追求。

景观设计在不同规模尺度下的应用，对城市以及其他人居环境的塑造与影响不可小觑。进行景观设计时，不仅要满足人类生存发展的需要，而且要能够提供与自然环境的长效交流、实现与自然环境的和谐共存。人文景观建筑实例如图 1–4 所示。

图 1-3 现代景观设计实例

图 1-4 人文景观建筑实例

第二节 景观设计学的产生与发展

一、景观设计学的产生

19 世纪，世界城市化进入快速发展期。在 19 世纪下半叶，世界各大城市规模快速扩张，导致欧洲各国和美国各大城市的环境急剧恶化，原有城市形象的毁灭掀起了对城市景观概念的重新审视与认识的转变的热潮，促使了 1863 年 5 月以"美国近代园林之父"弗雷德里克·劳·奥姆斯特德为代表的景观设计师与景观规划设计学的诞生。

早期著名的景观设计师唐宁（1815—1852）、卡尔弗特·沃克斯与弗雷德里克·劳·奥姆斯特德，以及城市公园的兴起与发展奠定了景观设计学的萌芽与基础。1860—1900 年，弗雷德里克·劳·奥姆斯特德等景观设计师在城市公园绿地、广场、校园、居住区及自然保护地等方面所做的规划设计奠定了景观设计学的基础，之后弗雷德里克·劳·奥姆斯特德等景观设计师的活动领域扩展到了主题公园和高速公路系统的景观设计。最具代表性的华盛顿广场公园、新泽西大地雕塑公园和纽约中央公园（见图 1-5）等成功案例一度开启了新的景观设计的视角，促使了完善的景观设计理念与核心理论的逐步形成。弗雷德里克·劳·奥姆斯特德与卡尔弗特·沃克斯

(a) 实景

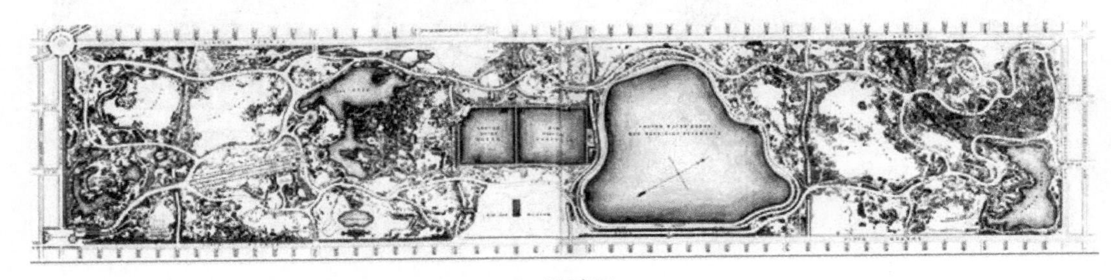

(b) 设计图

图 1-5　纽约中央公园

将景观建筑学（landscape architecture）从西方传统风景造园专业（landscape gardening）中分离出来，促使景观设计学从此走上独立发展的新兴学科之路。

1900 年，弗雷德里克·劳·奥姆斯特德之子小弗雷德里克·劳·奥姆斯特德和舒克利夫首次在哈佛大学开设了景观规划设计专业课程，首创四年景观规划设计专业学士学位。由此，景观建筑学的建立以最雏形的姿态出现在美国，并不断发展成为景观规划设计师职业的供养基础。从某种意义上来讲，哈佛大学的景观规划设计专业教育史代表了美国的景观设计学的发展史。

1932 年，英国第一个景观规划设计课程出现在雷丁大学。20 世纪 70 年代之后，在各个国家也开始普遍开设此专业，并且相当多的大学陆续开设景观设计硕士研究项目，我国农林院校将“landscape architect”界定为“风景园林”专业。对于 landscape architecture:我国清华大学将其译为“地景”，中国香港、中国台湾将其译为“景观建筑学”，其他工科院校将其译为“景观学”；日本将其译为“造园”；韩国将其译为“造景科”。

二、 景观设计学与相关学科的关系

景观设计要综合运用建筑设计、城市规划、城市设计、市政工程设计、环境设计等相关知识，以创造出具有美学价值和实用价值的设计方案。国外的景观设计专业教育，非常重视多学科的结合，景观设计所涉及的学科既包括生态学、土壤学等自然科学，也包括人类文化学、行为心理学等人文科学。最重要的是，要从事景观设计，还必须学习空间设计的基本知识。这种综合性进一步推进了景观设计学发展的多元化。

（一）景观生态学、自然地理学方面

景观生态学研究框架如图 1–6 所示。

自然地理学研究一定区域内由地形、地貌、土壤、水体、植物和动物等所构成的综合体（包含具有审美特征的自然和人工的地表景色）。景观生态学主要研究相互作用的拼块或生态系统的主要构成。“斑块 – 廊道 – 基底模式”为景观结构、功能和动态提供了一种空间语言，为景观设计提供了很好的理论指导。

俄国地理学家把生物的现象与非生物的现象都作为景观的组成部分，这为自然地理学与景观生态学的融合、交叉打下了基础。由于自然环境是人工景观环境再造的基础，任何景观设计与景观规划都需要考虑自然生态系统的平衡与发展，自然学科的交叉与融合为景观设计学提供了科学的生态基础与技术手段。

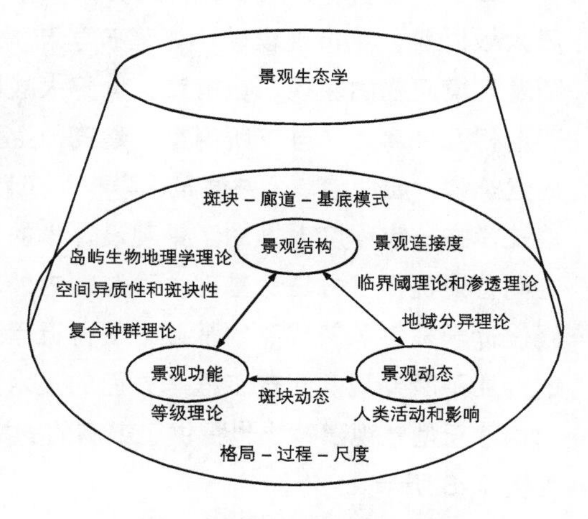

图 1–6　景观生态学研究框架

（二）社会学、心理学方面

人类生存环境的发展与进步离不开人类认识的发展与进步。随着社会生活的不断多元化与心理需求的不断扩张，现代人居环境对社会学、心理学等相关学科的专业知识认识逐步提高了要求。景观设计学与城市社会学、伦理学、行为心理学、环境心理学等学科的信息交互保证了景观设计学的适时性，促使景观设计不断往人性化设计的方向发展。

（三）城市设计学、城市规划学方面

城市规划专业是在不断的发展中才和建筑专业逐渐分开的，尽管在我国这种分工体现得还不是十分明显。城市规划虽然早期是和建筑结合在一起的，但从目前来看，城市规划考虑的是为整个城市或区域的发展制订总体计划，它更偏向社会经济发展的层面。就长期作用于人居环境建设的景观设计学而言，了解城市发展规划的预期目标与城市资源整合方面的各项信息，与城市建设相关的学科知识交互认识，不仅可以加强景观设计学的实用性，而且对促进城市经济发展有明显推动的作用。

某城市设计效果图如图 1–7 所示。

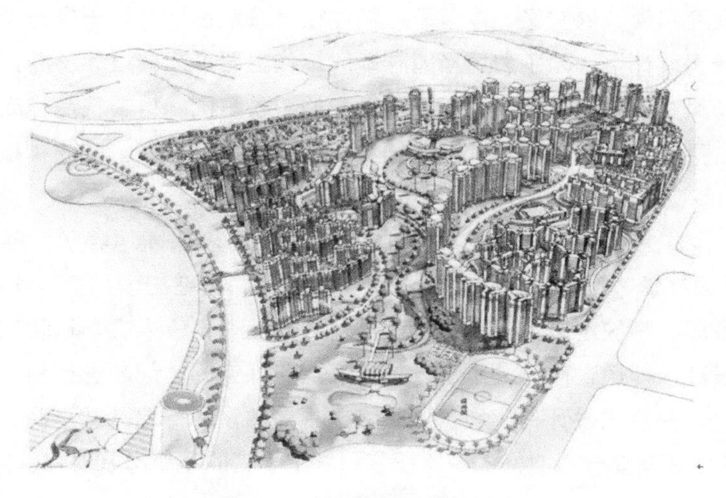

图 1–7　某城市设计效果图

(四) 建筑学

图 1-8　具有美学价值的建筑

工匠和艺术家完成了许多具有代表性的建筑和广场。在第二次世界大战以前，城市规模较小，建筑学与城市规划学是融合在一起的。随着环境问题的突现，在第二次世界大战以后，建筑学与城市规划学逐渐相互分离，各自有所侧重，建筑师主要专注于设计居于特定功能的建筑物，如住宅、公共建筑、学校和工厂等。但是，不可否认的是，建筑学在一定程度上推动了景观设计学的发展。建筑学为景观设计学空间营造提供了方法论基础。建筑物内外环境的交流与融合为微观景观设计学提供了较成熟的基础，使得近年来细分研究室内外环境艺术的专业不断涌现。建筑工程学方面的技术知识与新兴建筑材料的使用为构建新型景观建筑物也提供了饱满的支撑，使得建筑更具美学价值，如图 1-8 所示。

(五) 美学方面

景观设计学在很大程度上得益于美学、园林艺术学和近年来兴起的环境设计学等相关学科的发展。与环境艺术学不同，景观设计学的关注点在于用综合的途径解决问题，景观设计学关注一个物质空间的整体设计，解决问题的途径是建立在科学的、理性的分析基础上的，景观设计不仅仅依赖景观设计师的艺术灵感和艺术创造。

景观视觉美学是景观设计学的主要知识点，也是唯一能与人的审美体验产生共鸣的要素。由于人的敏感差异性，掌握大众共同的审美体验并且不损耗个性与特性的设计美学追求也成为景观设计学的主要追求目标。景观设计师与景观体验者的沟通与交流往往是从美学特征出发的。从事景观设计时，景观设计师需要不断寻求触发点激起景观共鸣，使景物相互结合与渗透形成艺术整体，最终营造出客观物质世界与个体精神体验相统一的和谐之美。由此可见，美学的相关理论对景观设计学中包含的景观体验起着重要的引导与支配作用。

(六) 景观设计学

景园建筑或造园活动经历了长时间的积累，形成了比较成熟的学科和技术——景园设计学。景园设计学和景观设计存在着一定程度和领域的交叉，以至于人们往往将景观设计等同于景园设计。景观设计和景园设计是不完全相同的。在景园设计中，园丁和风景园林师的工作主要是园林设计及养护。与景园设计学相关的风景园林学、植物学等学科知识为景观设计学提供了坚实的装备基础。植物既是构成园林的最基本材料，也是最直观的视觉形象。如图 1-9 所示的自然式风景园林充分体现了这一点。植物种植与园林维护基础在微观景观设计学中有着重要的基础地位。

国务院学位委员会、中华人民共和国教育部公布的《学位授予和人才培养学科目录(2011 年)》(以下简称《新目录》)显示，“风景园林学”正式成为 110 个一级学科之一，列在工学门类，学科编号为 0834，可授工学学位、农学学位。风景园林学被定义为一门建立在广泛的自然学科、人文学科和艺术学科基础上的应用学科。它尤其强调土地的设计，即通过对有关土地及一切人类户外空间的问题进行科学、理性的分析，设计问题的解决方案和解决途径，并监理设计的实现。鉴于我国目前的设计行业分类不明、专业交融性广，风景园林学的系统设置和全面建立还需要一段时间的经验积累和各个学者的不断探索研究。

图 1-9 自然式风景园林

（七）工程设计学

工程学又称为工学，是通过研究与实践基础学科的知识，来达到改良各行业中现有设计和应用方式的一门学科。与市政工程设计不同，景观设计更善于综合地、多目标地解决问题，而不是单一目标地解决工程问题。当然，综合解决问题的过程有赖于各个市政工程设计专业的参与。景观设计涉及的市政工程设计专业主要有土建类和环境工程类，包括土木工程、建筑环境与设备工程、给水排水工程、市政工程等。在城市中，涉及城市给排水工程、城市电力系统、城市供热系统、城市管线工程等内容的学科也会为景观设计学提供充实的工程技术类知识，为全面实践景观设计工程提供重要技术支持，如图 1-10 所示即为利用计算机辅助景观工程设计。

图 1-10 利用计算机辅助景观工程设计

营造一个良好的居住环境和生活空间，是景观设计学的追求目标之一。因此，以上各学科都不同程度地采用了景观设计的概念。学科间的交流与融合应用，能够相互促进，相互推进，这也是景观设计在相关的专业领域都有发展的原因。

三、景观设计的主要内容

根据解决问题的性质、内容和尺度的不同，景观设计学包含两个专业方向，即景观规划（landscape planning）和景观设计（landscape design）。景观规划是指在较大尺度范围内，基于对自然和人文过程的认识，协调人与自然关系的过程。具体来说，景观规划为某些使用目的安排最合适的地方和在特定地方安排最恰当的土地利用，而对这个特定地方安排最恰当的土地利用就是景观设计。

（一）景观规划

景观规划具体可分为以下四类。

（1）国土规划。国土规划包括两个方面的内容：一是保护区区划；二是国家风景名胜区保护开发。

（2）场地规划。场地规划包括六个方面的内容：一是新城建设；二是城市再开发；三是居住区开发；四是岸、港口、水域利用；五是开放空间与公共绿地规划；六是旅游游憩地规划设计。

（3）空间规划。空间规划包括四个方面的内容：一是空间认知；二是空间限定；三是空间尺度；四是空间对比。

（4）城市规划。城市规划包括两个方面的内容：一是城市空间创造；二是指导城市设计研究。如图 1–11 所示为某城市总体规划效果图。

图 1–11　某城市总体规划效果图

（二）景观设计

景观设计包括以下两个方面的内容。

（1）场地设计。场地设计涉及市政景观设计、公园景观设计、居住区景观设计、道路景观设计、滨水景观设计、办公景观设计、科技园景观设计、校园景观设计、风景区景观设计。如图 1–12 所示为居住区景观设计实例。

（2）环境设计。环境设计主要涉及室内外环境艺术设计、园林建筑设计、景观小品设计、景观设施设计等内容。如图 1-13 所示为园林建筑设计中庭园设计实例，如图 1-14 为景观小品设计实例。

图 1-12 居住区景观设计实例

图 1-13 园林建筑设计中庭园设计实例

图 1-14 景观小品设计实例

四、景观设计师的职业范围与职业发展

景观设计师是以景观设计为职业的专业人员。景观设计师工作的对象是土地，面临的是土地、人类、城市和土地上一切生命的安全与健康以及可持续发展的问题。运用专业知识和技能，从事如景观规划设计、园林绿化规划建设和室外空间环境创造等方面的工作，并解决相关问题的专业设计人员，就是景观设计师。

在国外，景观建设是城市公共生活空间的重要组成部分，景观设计也是人居环境科学的一部分。此外，国外还形成了教育注册、培训就业和继续教育等一系列完整的职业制度，聚合了优秀的领军人才，建立了行业协会的社会管理体系。在美国，景观设计师实行注册制度，主要从事公共空间用地场地、商业用地场地及居住用地场地的规划，以及景观改造、城镇设计和历史保护等工作。

在我国，尚未形成景观设计师注册制度，景观设计工作也多包含在规划设计、建筑设计及园林设计等专业设计之中，由规划设计者、建设者、景观管理者等不同机构人员共同完成。由于规划设计者、建筑者、景观管理者等分属不同部门，所以景观设计很难达到和保持应有的建设与管理效果。

我国景观设计师就业领域宽广，能参与景观建设的全过程。目前，我国景观设计师主要参与的岗位有以下七种。

（1）设计院、设计所的专业设计工作者和技术管理工作者。

（2）专业学校和大专院校的专业教育工作者。

（3）景观设计员（师）的国际职业培训和继续教育工作者。

（4）国家政府主管部门的公务人员。

（5）企事业单位的环境景观建设管理部门的工作者。

（6）城市投资和房地产开发公司的环境建设工作者。

（7）施工企业的景观建设施工和施工管理工作者。

从事景观设计行业的专业人员，应是具备美学、绘图、设计、勘测、文化、经济、社会、历史、心理学等各方面知识的综合性专业型人才。

第二章 从古典园林到现代景观

世界园林分为以下三大体系：一是东方园林体系——以中国园林为代表；二是西亚园林（伊斯兰园林）体系——以古埃及园林、阿拉伯园林为代表；三是欧洲园林体系——以古意大利园林、法国园林、英国园林为代表。

三大园林体系从古典到现代随着时代的发展，都衍生出自身的景观园林特色。在不同阶段，人与自然的状态、人与自然的关系、园林特点都随着社会的不断发展而变化，如表 2-1 所示。

表 2-1 园林发展中人与自然的关系

阶段	人与自然的状态	人与自然的关系	园林特点	备注
第一阶段：原始文明	感性适应	亲和	①以生产为目的； ②园林的雏形	萌芽状态
第二阶段：农业文明——奴隶社会和封建社会	理性适应	亲和	①为统治阶级服务及私有； ②封闭的、内向型的； ③以视觉的景观之美和精神的寄托为目的，没有体现社会效益、环境效益； ④由工匠、文人和艺术家完成	古典园林； 园林体系形成，基本类型有规整式和风景式两种
第三阶段：产业文明	理性适应，更加深入和广泛	对立后期改良探索	①除私家园林外，出现由政府经营及所有的向公众开放的公共园林； ②开放的、外向型的； ③具有视觉之美，能够陶冶精神，着重发挥改善城市环境的生态作用，能够提供公共游憩和交往场地； ④由现代职业造园师主持规划设计	现代园林； 美国弗雷德里克·劳·奥姆斯特德——城市园林化； 英国霍华德——田园城市
第四阶段：消息文明	理性适应，升华，有计划开发，恢复，更新，再生，可持续发展	逐渐回归亲和	①私家园林不占主导地位，城市公园、绿化开放空间、户外交往场地扩大，建筑设计与园林绿化相结合并转化为环境设计； ②以改善城市环境质量、创造城市生态系统为目的； ③建筑、城规、园林关系密不可分，跨学科的综合性和公众的参与性成为主要特点	园林发展新趋势； 确立园林生态系统概念

第一节 中国园林的艺术特色

一、中国园林发展情况

中国园林有着三千多年的历史。它起源于殷、商时期，在各时代有着不同的特色。

（一）园林的萌芽期

中国古代园林最初的形式为囿。囿可以通过在一定的地域加以围墙形成，以让天然的草木和鸟兽在其中滋生繁育，也可以通过挖池筑台形成，以供帝王贵族狩猎和游乐。囿是园林的雏形，除部分人工建造外，大片的园林都还是天然的。商、周时期的囿就是中国古典园林的雏形，商、周时期就是中国古典园林的萌芽期。

殷纣王在位时，大兴土木，修建了规模庞大的离宫别馆。鹿台和沙丘苑台是其中主要的两处。鹿台在今河南汤阴，沙丘苑台（见图 2-1）在今河北邢台。中国古代园林形成于囿和台的结合，台是囿中较早的建筑物。在古代，人们对自然现象是敬畏的，因此古代人民出于对山水的崇拜，模拟山峦的样式，堆石夯土，于是台就产生了。如图 2-2 所示为姑苏台画作。

图 2-1　沙丘苑台

图 2-2　姑苏台画作

姑苏台高三百丈（1 丈 =3.33 米），宽八十四丈。人们在九曲路上拾级而上，登上巍巍姑苏台可饱览方圆二百里（1 里 =500 米）范围内的湖光山色和田园风光。其景冠绝江南，闻名于天下。姑苏台四周栽有四季之花、八节之果，花果横亘五里（1 里 =500 米），还建了长寿亭、迎晖车亭、吴王井、智积井、玩月池等，以供吴王逍遥享乐。

西汉中期后，受文人墨客的影响，诗情画意的布景、题名开始出现。东汉后期，建筑历史上第一座具有完整的神话传说中的三仙山（蓬莱山、方丈山、瀛洲山）的仙苑皇家园林——西汉建章宫（见图 2-3），开创“一池三山”的皇家园林模式。

图 2-3　西汉建章宫简图

1—蓬莱山；2—太液池；3—瀛洲山；4—方丈山

（二）园林转折期

魏晋南北朝时期是中国园林的转折期。在这一时期，人们开始崇尚自然，私家园林开始出现。

魏晋南北朝时期在中国历史上是大动乱时期。在这一时期，人们的思想十分活跃。思想上的解放促进了艺术领域的开拓，给园林的发展带来很大的影响。在这一时期，造园活动普及于民间，园林转向于以满足作为人的本性的物质享受和精神享受为主，并升华到艺术创作的新境界。

在魏晋南北朝时期，筑山造洞和栽培植物的技术有了较大的发展，造园的主导思想侧重于追求自然情致，园林体现出天然清纯的风格。

贵族、官僚崇尚华丽、争奇斗富，他们所拥有的园林也体现了这一点。在魏晋南北朝时期，贵族、官僚所拥有的园林占主导地位。文人名士所拥有的园林表现出他们隐逸、追求山林泉石的宁静清心的风格。

佛教自东汉传入，盛行于魏晋南北朝时期，在南朝梁武帝将佛教定为国教后，寺庙园林开始兴起，成为风景游览的名胜区，自然景观开始渗入人文景观。

（三）园林的全盛期

隋、唐时期是我国封建社会中期的全盛期，宫苑园林在这一时期有很大的发展。由于南北方的园林得到交流，北方的宫苑也向南方的自然山水园演变，成为山水建筑宫苑。这个时期有很多著名的宫苑，为中国古典园林的发展奠定了基础。

1. 皇家园林

皇家园林的建设趋于规范化，形成了大内御苑、行宫御苑、离宫御苑三个类别。典型的大内御苑为大明宫，如图 2–4 所示为大明宫复原图。典型的行宫御苑为太液池，如图 2–5 所示为太液池复原图。典型的离宫御苑为华清宫，唐朝皇家园林华清宫遗址如图 2–6 所示。

皇家园林的特征是恢宏大气，细部不失精致，吸收了私家园林追求诗情画意的构图手法，讲求园林内容，给予人整体审美感受，注重建筑美与自然美之间的协调。

图 2–4 大明宫复原图

图 2-5　太液池复原图

图 2-6　唐朝皇家园林华清宫遗址

2. 私家园林

受特定历史条件和社会背景的直接影响和制约，唐朝的私家园林比之前更为兴盛，普及面更广。唐、宋时期，山水诗、山水画很流行，这必然影响到园林创作。诗情画意写入园林，以景入画，以画设景，形成了唐、宋时期写意山水园的特色。由于建园条件不同，私家园林可以分为以自然风景加以规划布置的自然式风景园林和城市建造的城市园林。

官僚政治催生出一种特殊风格的园林——士流园林。为了避世以及受诗画的影响，文人士大夫往往亲自参与造园活动。例如：在辋川别业的营建过程中，王维寄情山水，在写实的基础上更加注重写意，创造了意境深远、简约、朴素而留有余韵的园林形式，使其成为唐、宋时期写意山水园的代表；白居易贬官江州时期曾在庐山麓香炉峰下建草堂隐居，并亲身参与了草堂的选址、计划和营建。白居易曾写道：“进不趋要路，退不入深山。深山太获落，要路多险艰。不如家池上，乐逸无忧患。”隐逸的具体实践不必归隐田园、循迹山林，园林生活完全可以取而代之。文人园林的兴起得益于山水文学兴旺发达。文人的造园观和文人参与造园使道与器实现初步结合，使意与匠的联系更加紧密。

3. 寺观园林

佛教、道教在唐朝时期普遍兴盛。为了维护封建统治，唐朝推崇儒教、道教、释教三教并尊。

大寺观往往是连宇成片的庞大建筑群，包含殿堂、寝膳、客房、园林四个部分。佛寺是各阶层市民平等交往的公共中心。在唐朝，首都长安城内寺观众多，多数寺观都有园林或者庭院园林化的建置。如图 2–7 所示为唐朝壁画中的五台山佛山寺院落。

图 2–7 唐朝壁画中的五台山佛光寺院落

（四）园林的成熟期

北宋、南宋时期是中国古典园林进入成熟期的第一阶段。在这一阶段，文人园林兴盛，成为中国古典园林达到成熟境界的一个重要标志。某些皇家园林和私家园林定期向公众开放，具有公共园林的功能。叠石、置石均显示高超的技艺，理水也能缩移自然界全部的水体形象。

元朝、明朝、清朝初期是中国古典园林成熟期的第二阶段。在元朝、明朝的皇家园林中，大内御苑大都沿袭了一池三山的传统模式。元朝、明朝时期，造园活动不多，实践和理论均无多大建树。到了清朝初期，皇家园林开始兴盛，圆明园、北海、颐和园、避暑山庄等将中国古典园林的发展带入成熟阶段。

清朝初期，不仅皇家园林兴盛，私家园林也达到鼎盛。其中，苏州园林中的拙政园、留园、个园、瘦西湖等一直都是当今世界数一数二的私家园林代表。

（五）园林的成熟后期

随着封建王朝的盛衰，皇家园林的发展经历了大起大落。在园林的成熟后期（1736—1911），离宫御苑的成就最为突出，出现了三大杰作——避暑山庄、圆明园、清漪园。随着社会由盛转衰，造园艺术发展也从高潮跌落至低潮。

民间私家园林一直保持在上一时期的发展水平上，形成了江南、北方、岭南三大地方风格。尽管这一时期的园林呈现高超的技巧，但大多数园林不再呈现宋朝、明朝的活力。这一时期的园林“娱于园”的倾向显著，由赏心悦目、陶冶性情转化为多功能活动中心，削弱了园林自然天成的气氛，增加了人工的意味，助长了园林创作的形式主义倾向，有悖于自然式风景园林的主旨。

在园林的成熟后期，公共园林得到长足发展，但造园理论探索停滞不前。随着国际、国内形势变化，西方园林文化开始传入中国。中国园林即使在衰落的情况下，在技艺方面仍然有所成就，保持着完整的体系。

二、中国古典园林的特色

中国古典园林在世界园林中占据着举足轻重的地位，对世界园林影响很大。如图 2–8 所示为中国古典园林典型代表苏州园林。

图 2–8　苏州园林

中国古典园林具有以下特点。

（一）本于自然，高于自然

中国古典园林有意识地对本有的自然加以改造、调整、加工、剪裁，从而表现一个精炼概括的、典型化的自然。中国古典园林是感性的、主观的写意园林，侧重表现主体对物象的审美感受和主体因之而引起的审美感情。

（二）建筑美与自然美的融合

建筑无论多寡，无论性质、功能如何，都力求与山水、花木这些单个造园要素有机地组合在风景画面中，以突出彼此协调、互相补充的积极的一面，限制彼此对立、排斥的消极一面。

（三）诗意的情趣

中国古典园林都具有“画意”，都在一定程度上体现出绘画原则。

（四）蕴含意境

中国古典园林强调意境。中国古典园林往往通过表述意境来加以写照，以达到深层含义的意境，使人身处园林时如身在诗篇之中。中国古典园林借助于人工的叠山、理水把大自然山水风景缩移、摹拟于咫尺之间。需要指出的是，意境并非预先设定的，而是在园林建成后再根据现成的物境特征作出文字的"点题"——刻石、匾等。营建中国古典园林前，往往预先设定一个意境主题。中国古典园林情景交融，蕴含的意境之深远，非其他园林体系能企及。

（五）中国古典园林的分类

1. 按占有者分类

1）皇家园林

皇家园林是专供帝王休息享乐的园林。皇家园林的特点是规模宏大，真山真水较多，园中建筑色彩富丽堂皇，建筑体形高大。著名的皇家园林有：颐和园（见图 2-9）、北海公园、避暑山庄（见图 2-10）。

图 2-9　颐和园

图 2-10　避暑山庄

2）私家园林

私家园林是供皇家的宗室外戚、王公官吏、富商大贾等休闲的园林。私家园林的特点是规模较小，常用假山假水，建筑小巧玲珑，表现出淡雅素净的色彩。现存的私家园林有很多，例如：北京的恭王府；苏州的拙政园、留园、沧浪亭、网师园；上海的豫园等。如图 2-11 所示为拙政园中的与谁同坐轩，如图 2-12 所示为恭王府中的曲径通幽。如图 2-13 所示为网师园。

图 2-11　拙政园中的与谁同坐轩

2. 按地域分类

1）江南园林

南方人口较密集，所以园林地域范围小。又因河湖、园石、常绿树较多，所以园林景致较细腻精美。由此可见，江南园林的特点为明媚秀丽、淡雅朴素、曲折幽深、

图 2–12　恭王府中的曲径通幽

图 2–13　网师园

面积小、略感局促。江南园林的代表大多集中于南京、上海、无锡、苏州、杭州、扬州等地。

2）北方园林

由于地域宽广，所以北方园林地域范围较大，加之北方大多为古代百郡所在，北方园林大多富丽堂皇。受自然气象条件的影响，在北方，河川湖泊、园石和常绿树木都较少。北方园林的崇山性表现在园林的堆山上，园山雄伟，以高、壮为美。在北方园林中，山体面积较大，高度较高。北方园林风格粗犷，秀丽媚美不足。北方园林的代表大多集中于北京、西安、洛阳、开封等地，它集中了齐鲁、燕赵两地文化。

3）岭南园林

岭南系我国南方五岭之南的概称。因处亚热带，岭南地区终年常绿，又多河川，所以岭南地区的造园条件比北方、南方的都好。岭南园林的明显特点是具有热带风光，建筑物都较高且宽敞。现存的岭南园林有著名的广东顺德的清晖园、广东东莞的可园、广东广州番禺的余荫山房（见图 2–14）等。岭南园林的构园要素为山、水、石。

图 2-14　广东广州番禺的余荫山房

第二节　日本园林的艺术特色

日本与中国一衣带水，从古至今一直有着广泛的交流。日本与中国的关系建立于汉朝，从汉末开始，日本不断向中国派出汉使，以全方位地学习中国文化。日本园林就是在中国园林艺术的影响下，经过漫长的历史变迁，逐渐形成具有日本民族特色的园林。

有别于中国园林“人工之中见自然”，日本园林“自然之中见人工”。日本园林着重体现自然界的景观，避免人工斧凿的痕迹，创造出一种简朴、清宁的致美境界。在表现自然方面，日本园林更注重对自然的提炼、浓缩，以及创造能使人入静入定、超凡脱俗的心灵感受，这使得日本园林具有耐看、耐品、值得细细体会的精巧细腻，具有含而不露的特色，具有突出的象征性，能引发观赏者对人生的思索和领悟。

（一）日本园林的溯源

公元 6 世纪，中国园林文化随佛教传入日本。对于日本来说，飞鸟时代、奈良时代是中国式山水园林的舶来期，平安时代是日本式池泉园的“和化”期，镰仓时代、室町时代是园林佛教化时期，桃山时代是园林的茶道化期，江户时代是佛法、茶道、儒意的综合期。随着佛教的东传，中国园林对日本的影响逐渐扩大。日本园林的山水骨架是由于中国流传而得以出现的，它成为后来池泉的始祖。另外，佛教被日本确定为国教对日本园林朝宗教化发展起着重要的作用。

早期的日本园林相当于囿的苑园，因采用了中国较为成熟的技法，除动物、植物外，日本园林中更多的是人工山水，即更接近于人工园。由于结合了日本国土性质，日本园林采用了舟游的形式，其内容有山水部分的池、矶、须弥山等，动物部分的龟、鱼、狗、马等，建筑有苑、离宫、吴桥、画舫等，园林活动有狩猎、舟游等。日本园林虽然受我国园林艺术的影响，但是经过长期的发展与创新，已形成具有日本民族独有的自然式风格的山水园。可以认为，日本园林起初重在把中国园林的局部内容有选择、有发展地兼收并蓄入自己的文化传统中，后来则通过中国禅宗的传入，把对园林精神的追求推向极致，并产生了自己风格的园林形式。

（二）日本园林的特点

在日本，早期哲学思想的发展比较滞后。因而，日本不得不移植别国思想。中国和日本是一衣带水的邻邦，有着共同的肤色和类似的文字，因而中国的传统文化和哲学思想便成了日本发展本国思想的借鉴。从隋朝、唐朝、宋朝、明朝等朝代中日文化交流的事实中可以清楚地看出，中国的传统文化和哲学思想对日本哲学思想有着深远的影响。在中国的哲学思想中，对日本影响最深远的是禅宗思想。禅宗是中国佛教八大宗派中最重要的一个宗派。它主张通过个体的直觉经验和沉思冥想的思维方式在感性中达到精神上的超越与自由。日本园林具有以下五个特点。

1. 源于自然，匠心独运

营建日本园林时，造园者充分利用自己的想象，从自然中获得灵感，以创造出一个对立统一的景观。造园者注重选材的朴素、自然，以体现材料本身的纹理、质感为美。造园者把粗犷朴实的石料和木材，竹、藤、苔藓等植被以自然界的法则加以精心布置，使自然之美浓缩于一石一木之间，使人仿佛置身于一种简朴、谦虚的至美境界。

2. 讲究写意，意味深长

日本园林，特别是小巧、静谧、深邃的禅宗寺院的枯山水，常以写意象征手法表现自然，构图简洁、意蕴丰富。在特有的环境气氛中，日本园林中细细耙制的白砂石铺地、叠放有致的几尊石组，能表现大江大海、岛屿、山川。日本园林不用滴水却能表现恣意汪洋，不筑一山却能体现高山峻岭、悬崖峭壁。日本园林同音乐、绘画、 文学一样，可表达深沉的哲理，体现出大自然的风貌特征和含蓄隽永的审美情趣。

3. 追求细节，构筑完美

对于细节的刻画是日本园林中的点睛之笔。日本园林造园师对微小的东西如一根枝条、一块石头所做出的感性表现，极其关心并看得非常重要，这在飞石、石灯笼、门、洗手钵等的细节处理上都有充分的体现。

4. 清幽恬静，凝练素雅

日本的自然山水园具有清幽恬静、凝练素雅的整体风格，尤其是日本的茶庭，“飞石以步幅而点，茶室据荒原野处。松风笑看落叶无数，茶客有无道缘未知。蹲踞以洗心，守关以坐忘。禅茶同趣，天人合一。”日本的茶庭小巧精致，清雅素洁，不用花卉点缀，不用浓艳色彩，一概运用统一的绿色系。为了体现茶道中所讲究的“和、 寂、清、静”及日本茶道歌道美学中所追求的“侘”美和“寂”美，日本的茶庭注重在相当有限的空间内，表现出深山幽谷之境，给人以寂静空灵之感。在空间上，造园师对园内的植物进行复杂多样的修整，使植物自然生动、枝叶舒展，体现出天然本性。

5. 谈佛论法，体现禅意

宗教在日本一直处于重要地位，寺院、神社是日本文化重要的象征物。日本园林的造园思想受到极其深厚的宗教思想的影响。日本园林追求一种远离尘世、超凡脱俗的境界，特别是后期的枯山水，竭尽其简洁，竭尽其纯洁，无树无花，只用几尊石组、一块白砂，凝缠成一方净土。

（三）日本园林的种类

日本园林一般可分为枯山水、池泉园、筑山庭、平庭、茶庭、露地、回游式园林、观赏式园林、坐观式园林、舟游式园林以及它们的组合等，如图 2-15 所示。

（a）枯山水

（b）池泉园

（c）茶庭

图 2-15　日本园林

1. 枯山水

枯山水又称为假山水，采用了日本特有的造园手法，是日本园林的精华。它的本质意义是无水之庭，即在庭园内敷白砂，缀以石组或适量树木，因无山无水而得名。枯山水一般面积不大，很少有超过 1 000 平方米的，所以枯山水大都叫庭园，而不是园林。

2. 池泉园

池泉园是以池泉为中心构成的园林，它体现了日本园林的本质特征。在池泉园中，以水池为中心，布置岛、瀑布、土山、溪流、桥、亭、榭等。

3. 筑山庭

筑山庭是在庭园内堆土筑成假山，缀以石组、树木、飞石、石灯笼构成的园林。筑山庭一般有较大的规模，以表现开阔的河山，常利用自然地形并加以人工美化，达到幽深丰富的景致。筑山庭中的园山在中国园林中被称为岗或阜，在日本被称为“筑山”(较大的岗阜)或“野筋”(坡度较缓的土丘或山腰)。日本庭院中一般都有池泉，但不一定有筑山，即日本以池泉园为主，筑山庭为辅。

4. 平庭

平庭即在平坦的基地上进行规划和建设的园林。平庭能够表现出一个山谷地带或原野的风景。将各种岩石、植物、石灯和溪流配置在一起，可组成各种自然景色的平庭。根据庭内敷材的不同，平庭又可分为芝庭、苔庭、砂庭、石庭等。平庭和筑山庭都有真、行、草三种格式。

5. 茶庭

茶庭也称为露庭、露路，是把茶道融入园林之中，为进行茶道的礼仪而创造的一种园林形式。茶庭面积很小，可设在筑山庭和平庭之中，一般是在进入茶室前的一段空间里，布置各种景观形成茶庭。步石道路按一定的路线，经厕所、洗手钵最后到达目的地。茶庭犹如中国园林的园中之园，只是空间的变化没有中国园林的层次丰富。

茶庭不同于其他类型的园林，其内石景很少，仅有的几处置石亦多半为了实用的目的，如蹲踞洗手、坐憩等。在茶庭中：整块石块打凿砌成的石水钵，供客人净手、漱口之用；石灯笼既是夜间照明用具，也是园内唯一的小品；常绿树木沿着道路，呈自由式地丛植或孤植，地面绝大部分为草地和苔藓。除了梅花以外，茶庭中不种植任何观赏花卉，以避免斑斓的色彩干扰人们的宁静情绪。如图 2–16 为茶庭局部景观。

(a) 石灯笼

(b) 石头与亭

(c) 石组

图 2–16　茶庭局部景观

第三节　伊斯兰园林的艺术特色

伊斯兰园林体系是世界三大园林体系之一，是古代阿拉伯人在吸收两河流域文化和波斯园林艺术的基础上创造的，以幼发拉底河、底格里斯河两河流域及美索不达米亚平原为中心，以阿拉伯国家为范围，以叙利亚、伊朗、伊拉克为主要代表，是一种模拟伊斯兰教天国的高度人工化、几何化的园林艺术形式。阿拉伯人原属于阿拉伯半岛居民，7 世纪随着伊斯兰教的兴起，建立了横跨欧、亚、非的阿拉伯帝国，形成了以巴格达、开罗、科尔多瓦为中心的伊斯兰文化，伊斯兰园林形式随之遍及整个伊斯兰世界。它与古巴比伦园林、波斯园林有十分紧密的关系。

一、古巴比伦园林

(一) 古巴比伦园林的特点

古巴比伦园林包括受自然条件影响的猎苑，包括受宗教思想影响的圣苑，包括受自然条件与工程技术影响的宫苑——空中花园。古巴比伦园林中种植有香木、石榴、葡萄等植物，还豢养各种狩猎动物。

由于两河流域为平原，所以古巴比伦人热衷于堆叠土山，在山上建造很多神殿与祭坛等。

(二) 古巴比伦园林的类型

古巴比伦园林可分为以下三类。

1. 猎苑

两河流域雨量充沛，气候温和，有着茂密的天然森林。进入农业社会以后，由于古巴比伦人仍眷恋过去的渔猎生活，因而出现了可以狩猎的猎苑。

2. 圣苑

古埃及由于缺少森林从而将树木神化，古巴比伦虽有郁郁葱葱的森林，但古巴比伦人对树木的崇敬之情丝毫没有减退。在远古时代，森林便是人类躲避自然灾害的理想场所，这或许是人们神化树木的原因之一。出于对树木的尊崇，古巴比伦人常常在庙宇周围呈行列式地种植树木，形成圣苑。

3. 宫苑——空中花园

关于古埃及园林的史料非常有限。然而，对于古巴比伦，尤其是被誉为古代世界七大奇迹之一的空中花园（又称为悬园），各种史料、介绍就很多了。关于这一花园的来源，曾有多种说法，直到 19 世纪，一位英国的西亚考古专家罗林森（1801—1895）解读了当地砖刻的楔形文字，才确定了其真正来源：它是尼布甲尼撒二世为其王妃建造的。空中花园复原（想象）图如图 2–17 所示。

(a)

(b)

图 2–17　空中花园复原(想象)图

空中花园建于公元前 6 世纪，遗址在现伊拉克巴格达城的郊区，它被认为是世界七大奇迹之一，是古巴比伦国王尼布甲尼撒二世（公元前 604—前 562）因他的妻子谢米拉密得出生于伊朗习惯于山林生活，而下令建造的。此园中，两层屋顶做成阶梯状平台，并于平台上栽植植物。据希腊人希罗多德的描述，它总高 50 m。有的文献还认为，此园为金字塔形多层露台，在露台四周种植花木，整体外观恰似悬空，故又称悬园。空中花园具有居住、娱乐功能的园林建筑群。在空中花园上鸟瞰，城市、河流和充满东西方商旅的街景尽收眼底。这个建造于 2 500 多年前的园林，对于我们当今建筑的发展具有极大的参考价值。

二、 波斯园林、阿拉伯园林

（一）波斯园林

在古巴比伦于公元前 2 世纪衰落后，波斯园林成为西亚园林的代表。波斯园林的布局是按照《古兰经》中描写的天堂来设计的：水河、乳河、酒河、蜜河四条主干渠形成十字形水系布局；有规则地种树，在周围种植遮阴树林；栽培大量香花；筑高围墙，四角设有瞭望守卫塔；用地毯代替花园。

随着7世纪阿拉伯人建立横跨亚、非、欧三大洲的伊斯兰帝国，伊斯兰园林广泛流布于西班牙、印度。公元前6—前4世纪正是《旧约》逐渐形成的时期，所以波斯园林，除受到古埃及、古巴比伦的影响外，还受到《创世纪》中伊甸园的影响。公元6世纪就已出现的波斯地毯上描制的庭园是后来发展的波斯伊斯兰园林、印度伊斯兰园林的基础。

波斯园林是在气候、宗教、国民性这三大因素的影响下产生的。

(1) 气候。伊朗地处风多荒瘠的高原，气候严寒酷暑，因而水成了园林中的最重要因素，蓄水池、沟渠、喷泉在波斯园林中起支配作用。

(2) 宗教。拜火教认为，天国为一座巨大无比的花园，有金碧辉煌的苑路，有果树及盛开的鲜花，有用钻石与珍珠造成的凉亭等。因而，波斯园林中栽培果树与花卉，设置凉亭。

(3) 国民性。伊朗人喜好绿荫树，他们将绿荫树密植在高大的围墙内侧，以获取独占感与防御外敌。

（二）阿拉伯园林

阿拉伯园林是以古巴比伦园林和波斯园林为渊源、十字形庭园为典型布局方式、封闭建筑与特殊节水灌溉系统相结合、富有精美细密的建筑图案和装饰色彩的园林。

阿拉伯人继承了古巴比伦、古埃及、古波斯的方直的规划、齐正的栽植和规则的水渠等造园思想。阿拉伯园林较为严整的风貌，发展成为伊斯兰园林的主要传统。

伊斯兰对西班牙的征服始于公元711年，到公元716年攻占塞维利亚之后，西班牙算是被伊斯兰完全征服。在长达七百年的穆斯林统治下，阿拉伯人大力移植西亚，尤其是伊朗、叙利亚的地方文化，使西班牙留下了一些永存在西班牙人心中的思维方式（这是东方文化给欧洲的最大印记），从而创造了富有东方情趣的西班牙式伊斯兰园林。其中，阿尔罕布拉宫是阿拉伯园林影响最深远的园林之一。阿尔罕布拉宫鸟瞰图如图2–18所示。

图2–18　阿尔罕布拉宫鸟瞰图

阿尔罕布拉宫建于公元 1238—1358 年，位于格拉纳达城北面的高地上。阿尔罕布拉宫在阿拉伯语里是红色宫堡的意思。它是伊斯兰建筑的登峰造极之作，其构造之细腻，设计之精巧，无不体现了阿拉伯文明的神秘、辉煌和奢靡。阿尔罕布拉宫占地 35 英亩（1 英亩 =4 046.86 平方米），四周用 3 500 米长的红石墙围起来，外表看上去仿佛一个敦实方正的城堡。实际上，它的内部错综复杂，宛如迷宫。此宫建筑与庭园结合的形式是典型的西班牙式伊斯兰园林，它是把阿拉伯伊斯兰的天堂花园和希腊、罗马式中庭结合在一起，创造出的西班牙式伊斯兰园林。

西班牙式伊斯兰园林的布局为：四周是建筑，围成一方形的庭园，建筑形式多为阿拉伯式，带有拱廊，装饰十分精细；在庭园的中轴线上，有一方形水池或一长条形水渠，并有喷泉，常以五色石子铺地做成纹样。

阿尔罕布拉宫由四个西班牙式伊斯兰园林和一个大庭园组成。这四个西班牙式伊斯兰园林为桃金娘中庭、狮院、达拉哈中庭和雷哈中庭。其中，桃金娘中庭是皇帝朝见大使、举行仪式之处。

桃金娘中庭中纵横一个长方形水池，两旁是修剪得很整齐的柘榴树篱；水池中摇曳着马蹄形券廊的倒影，显示一派安详、亲切的气氛；方整宁静的水面与暗绿色的树篱映衬着精致繁荣、色彩明亮的建筑雕塑，给人一种生机勃勃的感受。阿尔罕布拉宫的这种理水手法给后来的法国园林以一定程度的启示。阿尔罕布拉宫桃金娘中庭内景如图 2-19 所示。

狮院是后妃的住所。狮院四周均为马蹄形券廊，纵横两条水渠贯穿全院，水渠的交汇处即庭院的中央有一个喷泉，喷泉的基座上雕刻着十二个大理石狮像。阿尔罕布拉宫狮院内景如图 2-20 所示。

图 2-19　阿尔罕布拉宫桃金娘中庭内景

(a)

(b)

图 2-20　阿尔罕布拉宫狮院内景

达拉哈中庭属于阿尔罕布拉宫后宫，其中心放置伊斯兰圆盘水池喷泉。

雷哈中庭的地面上铺着小石块，四角处种植着巨大的罗汉松。

阿拉伯园林中的泰姬·玛哈尔陵（见图 2-21）对景观园林的设计带来了深远的影响。泰姬·玛哈尔陵建于 1631—1648 年，由莫卧儿帝国国王沙·贾汗为纪念其宠爱的王妃，亲自设计督建，是印度穆斯林艺术的宝石，也是受到普遍赞誉的杰出的世界文化遗产。

图 2-21　泰姬·玛哈尔陵

泰姬·玛哈尔陵的总体布局很简单，也很完美，陵墓是其唯一的构图中心。它不像胡马雍陵那样居于方形院落的中心，而是居于中轴线的末端，在前面展开的则是由典型的十字形小水渠划分的花园，因而它有足够的观赏距离，视角良好。

伊斯兰园林艺术传入意大利后，演变出各种水景设计手法。这些水景设计手法成为欧洲园林的重要内容。西亚园林的发展在近代处于停滞状态，但古埃及园林对古希腊园林的产生起到了重要作用，伊斯兰园林对欧洲中世纪后园林的复兴起到了重要作用。

第四节　欧洲古典园林的艺术特色

一、古希腊园林

古希腊地处地中海东部。它的自然地理条件是多山环海。山所阻隔的小块平原，有助于形成古希腊天然的政治单位——小国寡民的城邦。平原少、土地贫瘠是古希腊当时的地貌特色。平原少、土地贫瘠的古希腊适于种植葡萄、橄榄，并通过海外贸易维持生存和发展。贸易是以平等交换为原则的，这就促使古希腊形成了平等的观念、建立了民主的政治。小国寡民勇于开拓，形成了善于求索的民族性格，这也使得古希腊园林具有自己的特色布局形式。

古希腊园林可分为宅园、圣园、公共园林和学术园林等四类。

古希腊园林的布局采用规则式，以与建筑协调。数学、几何、美学的发展影响了古希腊园林的形式。强调均衡稳定的规则式园林，从古希腊开始奠定了西方规则式园林的基础。受地理因素的影响，古希腊园林中常见的植物有蔷薇、桃金娘、山茶、百合、紫罗兰、三色堇等。

二、古罗马园林

古罗马北起亚平宁山脉，南至意大利半岛南端的地区。古罗马为多山丘陵地带，山间有少量谷地，气候条件温和，夏季闷热，但山坡上比较凉爽，缺乏自然海湾，内陆交通相对发达。

古罗马园林大多数都是别墅园、宅园、宫苑和公共园林。其中，劳伦替诺姆别墅园是典型的古罗马园林。劳伦替诺姆别墅园鸟瞰图如图 2-22 所示。

图 2-22　劳伦替诺姆别墅园鸟瞰图

劳伦替诺姆别墅园建于 1 世纪，是古罗马富翁小普林尼在离罗马 17 英里（1 英里 =1.609 3 千米）的劳朗丹海边建造的别墅园。在劳伦替诺姆别墅园中：主要建筑向外，以利于欣赏自然景色；建筑通过绿棚、廊、喷泉等与自然相结合，力求景色多样化；花园以精致、幽美为胜；广泛使用植物造景和水景。

古罗马园林多以宅园形式出现。宅园通常由三进院落构成。三进院落是指用于迎客的前厅（有简单的屋顶）、列柱廊式中庭（供家庭成员活动）和真正的露坛式花园。

与古希腊宅园不同：古罗马宅园里往往有水池、水渠，渠上架桥；古罗马宅园中的木本植物种于大陶盆或者石盆中，草本植物种于方形的花池和花坛中；古罗马宅园的柱廊墙面上绘有风景画。

古罗马园林有以下十个特点。

（1）以实用为主的果园、菜园以及芳香植物园逐渐加强了观赏性、装饰性和娱乐性。

（2）奠定了文艺复兴时期意大利台地园的基础。

（3）受古希腊园林的影响，园林为规则式园林。

(4) 重视园林植物的造型，有专门园丁。

(5) 除花台、花坛以外，出现了蔷薇专类园、迷园。

(6) 花卉装饰：盛行在几何形花坛中种植花卉。

(7) 园林树木有悬铃木、白杨、山毛榉、梧桐、槭、丝杉、柏、桃金娘、夹竹桃、瑞香、月桂等；果树按五点式种植，呈梅花形或者 V 形；应用芽接与劈接进行繁殖园林树木。

(8) 出现温室、花园博物馆。

(9) 园林数量众多，罗马城及其郊区共有大小园林一百八十处之多。

(10) 对后世的欧洲园林影响极大。

三、 意大利台地园

台地园为欧洲园林中重要的一种园林形式，最早出现在意大利。

一般认为，意大利台地园是较早发展起来的。因为意大利半岛三面濒海而又多山地，所以意大利的建筑都是依其具体的山坡地势而建的，建筑前面能引出中轴线开辟出一层层台地，分别配以平台、水池、喷泉、雕像等，然后在中轴线两旁栽植一些高耸的植物（如黄杨、杉树等），以与周围的自然环境相协调，从而形成了意大利台地园。当意大利台地园艺术传入法国后，因为法国多平原，且有着大片的植被和河流、湖泊，所以具有意大利台地园风格的园林往往设计成平地上中轴线对称整齐的规则式。

（一）文艺复兴初期

欧洲文艺复兴发源于意大利。在 14 世纪，意大利威尼斯、热那亚、佛罗伦萨有商船与北非、君士坦丁堡、小亚细亚、黑海沿岸进行贸易。当时，政权被大银行家、大商人、工场主等把持，城市新兴的资产阶级为了维护其政治利益、经济利益，要求在意识形态领域里反对教会精神、封建文化，开始提倡古典文化，研究古希腊、古罗马的哲学、文学、艺术等，利用其反映人、肯定人生的倾向，来反对中世纪的封建神学，发展资本主义思想意识。意大利一时学术繁荣，再现了古典文化盛况，所以此文化运动被称为文艺复兴。文艺复兴的人文主义思想是与以神为中心的封建思想相对立的，它肯定人是生活的创造者和享受者，要求发挥人的才智，积极面对现实生活。

1. 基于阿尔伯蒂园林理论的园林

阿尔伯蒂是意大利文艺复兴时期的建筑师和建筑理论家。他主张把庭园与建筑物处理成密切相关的整体。与古人偏爱厚重感不同，除背景外，他极少在庭园中采用灰暗的浓荫，从而使庭园获得了一种明快感。

基于阿尔伯蒂园林理论的园林具有以下特点。

(1) 在一个正方形庭园中，以直线将其分为几个部分形成不同的小区，并将这些小区建造成草坪地，将拥有长方形密生团状的剪枝造型的黄杨、夹竹桃及月桂等围植在它们的边缘。

(2) 树木均呈直线型种植。

(3) 在园路的尽头，将月桂树、西洋杉、杜松编织成古雅的凉亭。

(4) 沿园路而造的平顶绿廊支撑在爬满藤蔓的圆石柱上，为园路营造一片绿荫。

(5) 在园路上点缀石制或者陶制的花瓶。

(6) 在花坛中用黄杨树拼写出主人的名字。

(7) 每隔一定距离将树篱修剪成壁龛形式，并在其内安放雕塑品，其下置大理石坐凳。

(8) 在中央园路的相交处建造月桂树造型的祈祷堂。

(9) 祈祷堂附近设迷园，旁边建造缠绕着大马士革草、玫瑰藤蔓的拱形绿廊。

(10) 在流水潺潺的山腰筑造凝灰岩的洞窟，并在其对面设置鱼池、草地、果园、菜园。

2. 卡斯特洛别墅园

美第奇家族是意大利佛罗伦萨的著名家族。在美第奇家族中，最主要的代表人物为科西莫·迪·乔凡尼·德·美第奇和洛伦佐·德·美第奇。或许我们不能说没有美第奇家族就没有意大利文艺复兴，但没有美第奇家族，意大利文艺复兴肯定不是今天我们所看到的面貌。

卡斯特洛别墅园位于佛罗伦萨西北部，是美第奇家族的别墅园，初建于 1537 年，虽时间稍后，但它体现了意大利台地园初期简洁的特点。

卡斯特洛别墅园是典型的意大利台地园，一层为开阔的花坛喷泉雕像园，二层是柑橘、柠檬、洞穴园，三层是丛林大水池园。卡斯特洛别墅园的布局形式为规则式。在卡斯特洛别墅园中：中轴线贯穿台地园；具有典型的花木芳香园，带有精美的雕像喷泉。卡斯特洛别墅园鸟瞰园如图 2-23 所示。

图 2-23　卡斯特洛别墅园鸟瞰图

(二) 文艺复兴中期

在文艺复兴中期，佛罗伦萨失去商业中心的地理优势，文化基础受到影响，人文主义者逃离佛罗伦萨，罗马成为这个时期文艺复兴的中心地。总之，在 15 世纪文艺复兴文化是以佛罗伦萨为中心，由美第奇家族培育起来的；在 16 世纪，文艺复兴是以罗马为中心，由罗马教皇创造的。文艺复兴中期也是文艺复兴时期的鼎盛时期。在文艺复兴中期，具有代表性的意大利台地园有法尔奈斯庄园、埃斯特庄园、兰特庄园、波波利花园。

1. 兰特庄园

兰特庄园（见图 2-24）位于罗马西北面的巴格内亚村，初建于 14 世纪。初建兰特庄园时，只修建了一个狩猎用的小屋，在 15 世纪添了一个方形建筑，1560—1580 年，干巴拉修建了花园，1587 年继承人卡萨里将它送给蒙特路特，蒙物路特建造了中心喷泉，兰特庄园最终形成了。如图 2-25 所示为兰特庄园第三、四层平台连接处喷泉与河神雕像。

图 2-24　兰特庄园

图 2-25　兰特庄园第三、四层平台连接处喷泉与河神雕像

兰特庄园具有显著的意大利台地园林特点，这主要体现在以下几点。

（1）风格统一。

（2）台地完整。

（3）水系新巧。

（4）高架渠送水。

（5）围有大片树林。

在文艺复兴中期，意大利庭园具有以下特征：16 世纪后半叶意大利庭园多建在郊外的山坡上，构成若干台层，形成台地园；台地园多沿着中轴线贯穿全园，景物对称布置在中轴线两侧，各台层上常以多种理水形式，或理水与雕像相结合作为局部的中心；建筑有时作为全园主景位于台地的最高处；园林理水技术成熟，如水景与背景在明暗与色彩上形成了对比，光影与音响效果（水风琴、水剧场）、跌水、喷水等；植物造景日趋复杂。

（三）文艺复兴末期

文艺复兴末期（巴洛克时期）的代表人物是米开朗基罗。

米开朗基罗的作品具有以下特征：一反明快均衡之美，表现零杂及烦琐的细部技巧；多用曲线来制造出有些骚动不安的效果；装饰上大量使用灰色雕塑、镀金的小五金器具、彩色大理石等，竭力显出令人吃惊的豪华之感。米开朗基罗的作品特色对当时文艺复兴时期的园林——巴洛克式庭园，产生了一定影响。

巴洛克式庭园具有以下四个显著的特点。

1. 庭园洞窟

庭园洞窟采用天然岩石的风格进行处理。这种处理方法与英国风景园的模仿自然手法不同，前者在于标新立异，后者是真正来自酷爱大自然的观念，是发自内心欣赏大自然之美的产物。

2. 新颖别致的水景设施

在巴洛克式庭园中，设有大量的新颖别致的水景设施，如水剧场、水风琴、惊愕喷水设施、秘密喷水设施等。

3. 滥用整形树木，形态越来越不自然

巴洛克式庭园中利用整形树木做成的迷园，是当时流行的繁杂无益的游戏之物。

4. 线条复杂化

花园形状从正方形变为矩形，并在四角加上了各种形式的图案。花坛、水渠、喷泉及细部的线条少用直线多用曲线。

（四）意大利庭园的总特征

意大利庭园为台地建筑式园林。台地由倾斜部分与平坦部分组成。一般来说，城市近郊别墅因坡度平缓而层数少、占地面积广，乡村的别墅则相反。

意大利庭园以建筑物的轴线作为其轴线。有时庭园的轴线垂直或平行于建筑物的轴线，有时会有副轴线。庭园的细部采用轴线对称的布局：以花坛、泉池、台地为面；园路、阶梯、瀑布等为线；小水池、园亭、雕塑等为点。

意大利庭园以常绿树为主色调，其间点缀了白色的各种石造建筑物、构筑物及雕塑，丛林与花坛部分采用了明暗对比的巧妙处理。意大利台地园平面立面图如图 2-26 所示。

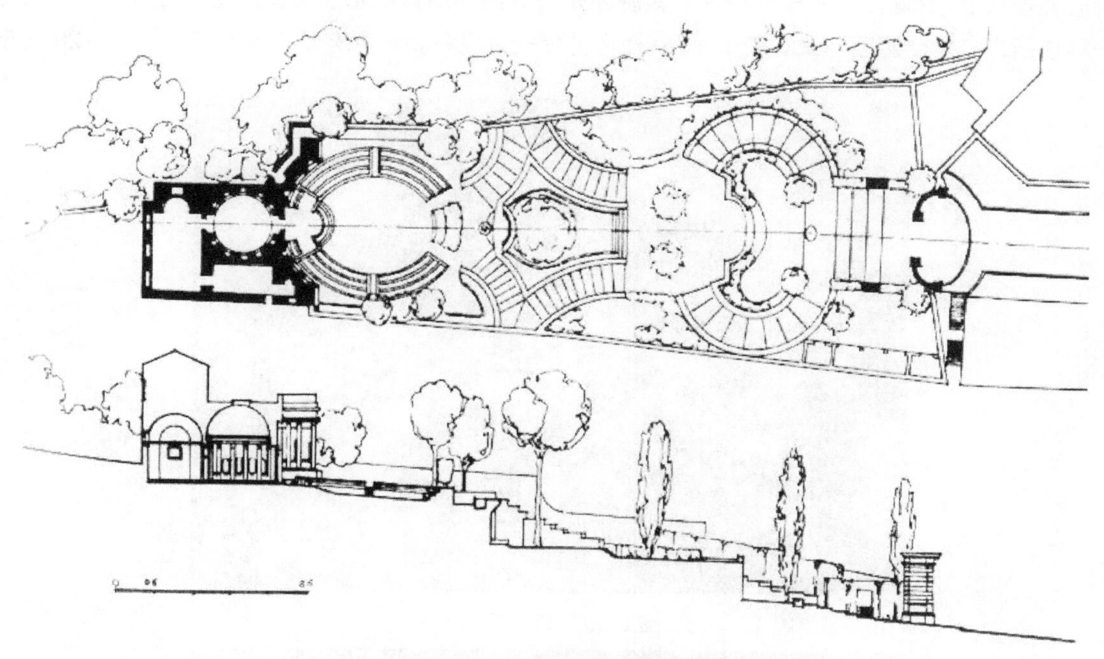

图 2-26　意大利台地园平面立面图

（五）意大利台地园对法国园林、英国园林的影响

1. 对法国园林的影响

1495 年，查理八世入侵意大利，虽然在军事上失败了，但带回了意大利的艺术家、造园家，改造了城堡园，开始在布卢瓦建台地式庭园。

从法兰西斯一世至路易十三，法国吸取了意大利文艺复兴的成就，发展了法国的文艺与园林，培养了法国造园家。

2. 对英国园林的影响

受意大利庭园文化的影响，在 16 世纪，英国逐步改变了原来为防御需要采用封闭式园林的做法，吸取了意大利、法国的庭园样式，并结合自身情况，增加了花卉的内容。

四、法国古典主义园林

在16世纪上半叶，德国发展受阻于“三十年战争”，英国因清教徒厌恶华美的思想作祟，发展十分缓慢，唯有法国步入高速发展的时期。

安德烈·勒诺特尔是路易十四时期的宫廷造园家，才华横溢，被后世称为宫廷造园家之王。他的出现标志着单纯模仿意大利造园形式的结束。法国园林获得了前所未有的发展，取代了意大利园林而风靡整个欧洲。安德烈·勒诺特尔生于巴黎的园林世家，其祖父是宫廷造园家，父亲是宫苑管理人，其与父亲一起工作，掌握了造园与园艺的实际技术。安德烈·勒诺特尔十三岁师从宫廷画家西蒙·武埃，受益匪浅。

（一）维康府邸

维康府邸使安德烈·勒诺特尔一举成名。该庭园是马扎然内阁财政部长富凯所造壮丽宫殿的附属庭园，它采用了一种前所未有的新庭园形式，使安德烈·勒诺特尔一举成名。维康府邸如图2-27、图2-28所示。

图2-27 维康府邸一

图2-28 维康府邸二

维康府邸位于巴黎市郊，始建于 1656 年，长 1 200 m，宽 600 m。它采用了基于将自然变化和规则严整相结合这一设计思想和设计手法。这种设计思想与设计手法为凡尔赛宫园林的设计奠定了基础。该园的中央大轴线简洁突出，保留有城堡的痕迹，突出有变化、有层次的整体，满足了人们对多功能的要求，雕塑精美，树林茂密。

（二）凡尔赛宫

安德烈·勒诺特尔的另一个巅峰之作是法国凡尔赛宫。1662—1663 年，路易十四让安德烈·勒诺特尔规划设计凡尔赛宫，并提出建造出世界上未曾见过的花园的要求。

凡尔赛宫全景图如图 2-29 所示。凡尔赛宫风景园林如图 2-30 所示。

图 2-29 凡尔赛宫全景图

图 2-30 凡尔赛宫风景园林

凡尔赛宫位于巴黎西南 18 km 处，共建设二十余年，于 1689 年完成。1682 年，路易十四把政府迁至凡尔赛宫。

凡尔赛宫的规模很大，体现了安德烈·勒诺特尔作品的一贯作风：突出纵向中轴线，超尺度的十字形大运河贯穿整个凡尔赛宫；宫廷采用均衡对称的布局；具有创造性广场空间，以丛林作背景；以水贯穿全园，采用洞穴的形式，雕塑遍布，建筑与花园相结合。

（三）勒诺特尔式园林的特点

在勒诺特尔式园林出现之前，意大利庭园已经经历了它的辉煌时代，越来越倾向于巴洛克式。安德烈·勒诺特尔将变化无常、装饰烦琐的巴洛克式倾向一扫而空，给园林设计带来了一种优美高雅的形式。

勒诺特尔式园林具有以下七个显著的特点。

（1）以园林的形式表现以君主为中心的等级制度。

（2）在园林构图中，府邸居中心地位，起着控制全园的作用，通常建在园林的制高点上。

（3）法国古典主义园林环境完全体现了人工化特点。

（4）水渠和喷泉是勒诺特尔式园林的重要特征之一。

（5）在植物种植方面，广泛采用丰富的阔叶乔木，以明显反映出四季变化。

（6）府邸近旁的刺绣花坛是法国园林的独创之一。

（7）花格墙是勒诺特尔式园林中最为流行的一种庭院局部构成。

（四）意大利园林与法国园林的比较

意大利园林属于台地建筑式园林，而法国园林为平面图案式园林。二者均采用的是规则式布局，但意大利园林有立体的堆积感，法国园林有平面的铺展感。

意大利园林选址在高爽干燥的丘陵地带，法国园林大多选址在风景特别优美的场地，或者沼泽性低湿地。意大利园林须从高处俯瞰，法国园林利用宽阔的园路构成贯通的透视线，或设水渠，展现出从意大利园林中无法见到的恢宏的园景。

五、欧洲古典园林的艺术特色

欧洲园林又称为西方园林，覆盖面广，它以欧洲本土为中心，势力范围囊括欧洲、北美、南美、澳大利亚，对南非、北非、西亚、东亚等地区的园林发展产生了重要影响。欧洲园林从一开始就同秩序密不可分，从一开始就是与自然抗争。

欧洲园林的艺术特色突出体现在园林的布局构造上：体积巨大的建筑物是园林的统帅，总是矗立于园林中十分突出的中轴线起点之上；整座园林以体积巨大的建筑物为基准形成整座园林的主轴；在园林的主轴线上，伸出几条副轴，副轴两侧布置有宽阔的林荫道、花坛、河渠、水池、喷泉、雕塑等；在园林中开辟笔直的道路，在道路的纵横交叉点上形成小广场，呈点状分布水池、喷泉、雕塑或小建筑物；整个布局体现出严格的几何图案；园林花木严格剪裁成锥体、球体、圆柱体形状，草坪、花圃则勾画成菱形、矩形和圆形等。总之，欧洲园林一丝不苟地按几何图形剪裁，绝不允许其自然生长，如水面被限制在整整齐齐的石砌池子里，其池子也往往砌成圆形、方形、长方形或椭圆形，池中总是布局人物雕塑和喷泉等，追求整体对称性和一览无余。

第五节　现代风景园林规划的启蒙和发展

随着欧洲工业城市的出现和现代民主社会的形成，欧洲传统园林的使用对象和使用方式发生了根本的变化，欧洲传统园林开始向现代景观空间转化。

欧洲艺术从传统形态向现代形态的过渡，经历了印象主义、新印象主义、后印象主义和象征主义等阶段。印象派艺术的崛起，开辟了绘画与音乐语言的新天地，拓展了人们的审美领域，为艺术家发挥个性提供了新途径，是艺术从内容到形式的变革，跳跃的幅度越来越大，从而孕育了 20 世纪初对传统艺术的全面突破。现代主义艺术反映了这个时代人们极其复杂、丰富的思想感情和极为深刻的哲学思考。艺术家采用的语言是抽象的，表现出强烈的个人主义。

18 世纪后期，工业革命的爆发带来深刻的社会变化，在欧洲已有五百年历史的有限城市形态在一个世纪内完全改观了。这是一系列前所未有的技术和社会经济发展相互影响而产生的结果。

大工业城市的无序扩张是工业革命之后所造就的直接结果。粗制滥造的住宅密集地堆集在生产点的附近，而建立城市街道的唯一目的就是在两者之间建立一条通道。到 19 世纪末，人口和交通量迅猛增加，这个问题便更加突出。爆发性的人口增长速度使旧的邻里街坊沦为贫民窟，人口过度密集还造成了环境的恶化，最终引起 19 世纪 30—40 年代英国和欧洲大陆的霍乱流行。

一、英国园林

17 世纪末至 18 世纪，尤其是 18 世纪，中国的工艺品和建筑、园林设计，在欧洲大陆和英国引起广泛的关注。

西方艺术史家和中西文化关系研究者已基本达成共识，即中国的建筑和工艺品直接促成欧洲的洛可可风格的形成，中国的园林也直接对发源于英国的英华园林产生影响。

威廉·钱伯斯（1726—1796）远不是在欧洲（甚至包括在英国）传播中国建筑、园林艺术的第一人，但他的影响却举足轻重。德国学者利奇温在其 1925 年出版的《欧洲与中国：18 世纪的知识和艺术接触》里说：“在他的后半生，他以英王建筑师的身份再度前往远东，并为后来出版的《论东方园林》带回了观点。”

英国园林出现了以下两种园林类型。

1. 庄园园林

庄园园林体现出生产性景观田园风光。英国田园风光被很多人视作理想景观，启迪了许多西方的景观设计。英国庄园如图 2-31 所示。

2. 图画式园林

威廉·钱伯斯追求情调忧郁的罗萨画意。威廉·钱伯斯认同《中国人设计园林的艺术》一书中“中国人在园林设计方面技艺高超。他们那方面的品位很高。我们英国在那方面也已经做了不断的努力，但并不太成功”的说法。他希望英国园艺走出一条自然与艺术交融和谐的道路。图画式园林的典型代表是英国皇家植物园林——邱园。邱园局部景观如图 2–32 所示。

图 2–31　英国庄园

图 2–32　邱园局部景观

18 世纪，英国景观园林设计师赖普顿提出了一个非常好的想法和一个非常糟糕的想法。好的想法是他认为每一个项目应采用两幅图片来展示：一张图片呈现改造之前的景观；另一张图片呈现改造后的景观。赖普顿用水彩画做成折页来表现所做的规划，翻开一页，设计后的结果就会显现出来。他的非常糟糕的想法是一个关于文化理念的想法，其来源是博克的清高思想。他认为，设计作品如果只是尺度比较大的话，就往往意味着设计师缺乏想象力，所有艺术品都只是某种形式的欺骗而已。换言之，他认为设计必须是假的、人造的，而大规模的规划只是缺乏想象力的表现。

约翰•纳什的设计深受赖普顿的影响，如他的作品摄政花园。摄政公园最初为乔治四世时期的摄政王建造的，公园也由此得名。到 1835 年，摄政花园开始对公众开放。摄政花园的规划理念为“宽行道、游船湖和核心区”。摄政花园鸟瞰图如图 2–33 所示。

图 2–33　摄政花园鸟瞰图

3. 英国风景园林形式的原因

（1）经验主义给 18 世纪造园艺术的革命准备了哲学基础、美学基础。

（2）启蒙运动崇尚自然、自由，反对专制和规则。

（3）新贵族和农业资产者乐于享受田园风光。

（4）文学的浪漫主义批判古典理性主义。

（5）受到中国园林艺术的极大影响。

二、德国园林

谈起德国园林的发展，不得不说两位人物：弗雷德里奇·法兰兹·范·恩哈特－德骚王子和彼得·约瑟夫·林内。

风景园林规划起源于弗雷德里奇·法兰兹·范·恩哈特－德骚王子（1740—1817）。他的代表作品是沃里兹庄园。1765—1817 年，英国是世界上最强盛的国家之一，英国的文学、经济、政府和景观被整个欧洲视为模范。弗雷德里奇·法兰兹·范·恩哈特－德骚王子在英国广泛游历，回国后引进了英国的思想，并以英国的方式改造景观。他的重要贡献在于他不是简单地复制一个景观，而是利用景观来教育民众。

彼得·约瑟夫·林内（1789—1866）最著名的项目在波茨坦，重要贡献在于他创造了一条长达 3 km 的景观轴线，而其他所有的建筑都围绕景观轴线展开。彼得·约瑟夫·林内证明，一个清晰有力的景观结构，可以将其后的各种变化组织起来。他曾说过，任何东西缺少照料就会衰败，即便是最伟大的设计，如果处置不当，也会被破坏。就是说，光有设计是不够的，光有建设也是不够的，如果没有关怀和照顾，任何景观都会很快衰败。

三、美国现代风景园林的产生和发展

（一）美国自然风景园林运动的发展

1. 弗雷德里克·劳·奥姆斯特德

弗雷德里克·劳·奥姆斯特德，被普遍认为是美国景观设计学的奠基人，是美国最重要的公园设计者。他首先使用了“landscape architect”一词。

弗雷德里克·劳·奥姆斯特德以其三十多年的风景园林规划设计实践，并因创办美国景观设计专业、美国景观设计师协会及设计了大量亲近普通市民的景观作品而被人们尊称为“美国景观设计之父”。

弗雷德克·劳·奥姆斯特德的经验生态思想、风景园林美学和关心社会的思想，通过他的学生和作品对后来的风景园林规划设计产生巨大的影响。

弗雷德里克·劳·奥姆斯特德最著名的作品是其与合伙人卡尔弗特·沃克斯（见图 2-34）在一百多年前共同设计的纽约中央公园。这一作品不仅开了现代景观设计学之先河，更为重要的是，它标志着普通人生活景观的到来。美国的现代景观从纽约中央公园起，就已不再是少数人所赏玩的奢侈，而是普通公众身心愉悦的空间。纽约中央公园鸟瞰图如图 2-35 所示。

图 2-34　卡尔弗特·沃克斯

图 2–35　纽约中央公园鸟瞰图

弗雷德里克·劳·奥姆斯特德综合考虑周围自然和公园的城市和社区建设方式将对现代景观设计继续产生重要影响。他是美国城市美化运动原则最早的倡导者之一，也是向美国景观引进郊外发展想法的最早的倡导者之一。弗雷德里克·劳·奥姆斯特德的理论和实践活动推动了美国自然风景园林运动的发展。

2. 纽约中央公园

纽约中央公园是美国纽约市曼哈顿区大型的都市公园，它占地 843 英亩，南起 59 街，北抵 110 街，占 150 个街区，有总长 93 公里（1 公里 =1 000 米）的步行道。纽约中央公园的东西两侧被著名的第五大道和中央公园西大道围合，名副其实地坐落在纽约曼哈顿岛的中央。它是美国第一个利用园林建筑技术开发的公园。它的宏大的面积使它与自由女神、帝国大厦等同为纽约乃至美国的象征。纽约中央公园园内设有动物园、运动场、美术馆、剧院等各种设施。纽约中央公园实行免费游览，每年游览人数达到 2 500 多万。

纽约中央公园本来不属于 1811 年美国纽约市规划的一部分，然而，在 1821—1855 年，美国纽约市的人口增长至原来的 4 倍，随着城市的扩展，很多人被吸引到一些比较开放的空间居住，以避开嘈杂及混乱的城市生活。不久以后，当时的 Evening Post（即现在的《纽约邮报》）编辑和诗人威廉·卡伦·布莱恩特表示纽约需要一个大型的公园。

在 1844 年，美国的第一位园林设计家唐宁也努力宣传纽约市需要一个公园。很多有影响力的纽约人也认为纽约需要一个可以露天驾驶的地方，就像巴黎的布隆森林和伦敦的海德公园。1851 年，纽约州议会通过了《公园法》。《公园法》促进了纽约中央公园的发展，致力于为人们忙碌紧张的生活提供一个悠闲的场所。1853 年，纽约州议会把从 59 街到 106 街的 700 亩（1 亩 =666.67 平方米）划为兴建公园的地点。1857 年，纽约市举办公园设计比赛，比赛最后由弗雷德里克·劳·奥姆斯特德和卡尔弗特·沃克斯的草坪规划方案成为得奖设计。

弗雷德里克·劳·奥姆斯特德和卡尔弗特·沃克斯的草坪规划方案提出，把纽约中央公园设计为这样一个地方：在这里，城市居民能从城市生活的视野和声音中感受到心旷神怡，并享受无限的自然的风景。为了这个目的：公园边界密密地种了许多树，公园南部是田园式的；北部有更加稠密的森林。但是南北两部分都有自然风景的效果。公园唯一正规的部分是林荫道，这是为当时十分流行的散步活动设计的。边界绿化和林荫道（见图 2-36）是其他竞争者所没有提出来的。

图 2-36　纽约中央公园林荫道

交通体系是弗雷德里克•劳•奥姆斯特德和卡尔弗特•沃克斯的草坪规划方案中真正出众的地方：引导所穿城的交通通过四个横穿公园的地下道路（当时还是马车运输的时代）；在公园内部把通过公园的不同运动方式的道路分隔开，避免了一个特定体系的使用者与其他使用者发生冲突。这个交通体系方案最终发展成一个隔离车道、骑马专用车道和人行道的内部循环系统。这样就形成了由草坪、湖泊（见图 2-37）和林地组成的田园般的风景线。这个循环系统被评价是一个从长远考虑的典型。纽约中央公园交通系统局部图如图 2-38 所示。

针对每一领域，弗雷德里克•劳•奥姆斯特德都创造出了一种独特的设计方法，显示了他眼光的全面性。另外，他针对每一个项目都提出了独特的理念，在处理即便是最小的细节时也能发挥出超常的想象力。例如：

图 2-37　纽约中央公园园内湖泊

图 2-38　纽约中央公园交通系统局部图

公园道采用几种不同的交通方式，其中最重要的是为私人交通而保留的平坦的机动车路面的宽阔的城市绿道，它们将公园连接起来，并进一步发挥了整个城市的公共绿地的优点。

在纽约中央公园中：公园系统为城市的所有居民提供了多种多样的公共娱乐设施；风景保护区使优美的风景免于破坏，同时是商用开发的保护区；郊外住宅区将工作与居住区分开来，并创造了一种社区氛围和家庭生活的环境，在私人住宅的庭院，园艺能开发居住者的审美意识和个性，私人住宅的庭院还包括大量的使家庭活动得以转移到户外的“引人入胜的露天房间”；在带宿舍区的机构，建筑的家庭尺度将为文明的生活方式提供一个培养场所；通过精心的规划，政府建筑的庭园的外观更加庄严。

3. 公园计划

19 世纪中后期，像弗雷德里克·劳·奥姆斯特德这样的上流社会的改革家，开始努力创建一个他们想象中的公共场所。在 20 世纪早期和中期，像摩西这样的进步改革家，作为经过专业训练的专家，获得了一种新的权威：他们可根据有效性和合理性的原则管理公共场所。

随后，在 19 世纪 60 年代，弗雷德里克·劳·奥姆斯特德和约翰·缪尔提出需要保护一些美国的重要风景园林，并创立了美国第一个国家公园——约塞米蒂国家公园。

查尔斯·艾略特在 1880 年同弗雷德里克·劳·奥姆斯特德共同设计了波士顿公园道。他们征用湿地、陡坡、崎岖山地等没有人要的土地，并利用这些土地规划了公园系统。

沃伦·H.曼宁收集了数百张关于土壤、河流、森林和其他风景园林要素的地图，将其叠在透射板上，做成一个全美国的风景园林规划。他规划了未来的城镇体系、国家公园系统和休憩娱乐区系统、主要高速公路系统和长途旅行步道系统。可以说，沃伦·H.曼宁的这个风景园林规划是历史上最重要、最大胆，也是最具独创性的规划。

四、 现代之后的园林景观

（一）工艺美术运动中时期风景园林设计

随着欧洲工业城市的出现和现代民主社会的形成，欧洲传统园林的使用对象和使用方式发生了根本的变化，欧洲传统园林开始向现代景观空间转化。英国景观园林设计师赖普顿被认为是欧洲传统园林设计与现代景观规划设计承上启下的人物，他最早从理论角度思考规划设计工作，将 18 世纪英国自然风景园林对自然与非对称趣味的追求和自由浪漫的精神纳入符合现代人使用的理性功能秩序，他的设计注重空间关系和外部联系，对后来欧洲城市公园的发展有深远影响。

英国从 18 世纪末开始的工业革命使许多城市环境恶化。为改善城市卫生状况和提高城市生活质量，英国政府划出大量土地用于建设公园和注重环境的新居住区。1811 年，伦敦摄政公园被重新规划设计，设计师约翰·纳什在原来皇家狩猎园址上通过自然式布局表达在城市中再现乡村景色的追求。此后，英国和欧洲其他各大城市也开始陆续建造为公众服务的公园。

19 世纪下半叶，英国的一些艺术家针对工业化带来的大量机械工业产品对传统手工艺造成的威胁，发起工艺美术运动这一非正式运动。他们推崇自然主义，提倡简单朴实的艺术化手工产品。在他们的影响下，许多景观设计师抛弃华而不实的维多利亚风格转而追求简洁、浪漫、高雅的自然风格。

工艺美术运动是由于厌恶矫饰的风格、排斥工业化大生产而产生的，表现出欧洲大陆知识分子的典型心态。

在工艺美术运动时期，风景园林设计的代表人物有约翰·拉斯金、维廉姆·莫里斯、鲁滨孙、杰基尔等。其中：鲁滨孙主张简化烦琐的维多利亚花园，提倡设计不规则式庭院，强调任植物自然生长；杰基尔提倡花园设计从大自然中获得灵感，以自然植物构成花园主体。

（二）新艺术运动时期的风景园林设计

19 世纪末 20 世纪初是西方艺术思潮的转折时期。西方艺术思潮开始在 1880 年，发源于比利时、法国的“新艺术运动”，并在 1892—1902 年达到顶峰，成为 20 世纪现代主义的前奏。在进行景观设计时，一些建筑师从自然界的贝壳、水漩涡、花草枝叶获得灵感，采用几何图案和富有动感的曲线划分庭园空间，组合色彩，装饰细部。例如：西班牙设计师安东尼奥·高迪于 1900 年设计的巴塞罗那巨尔公园，安东尼奥·高迪以浓重的色彩将一切构筑物立体化，创造了一个光影波动的雕塑化景观世界。

新艺术运动反对传统的模式，在设计中强调装饰效果，希望通过装饰来改变由大工业生产造成的产品粗糙、刻板的面貌，以创造出一种新的设计风格，新艺术运动没有否定机器的作用，而是主张发挥机器的长处。新艺术运动本身没有一个统一的风格，在欧洲各国也有不同的表现和称呼。

在新艺术运动的影响下，一些景观设计师开始在一些小规模的庭园中尝试新风格，通过直线、矩形和平坦地面强化透视效果，或直接将野兽派与立体主义绘画的图案、线型转换为景观构图元素。

新艺术运动包含了曲线风格和直线几何风格两种风格。与这两种风格相对应，形成了两大派系。

1. 追求曲线风格的风景园林设计

追求曲线风格的风景园林设计，即从自然界中归纳出基本的线条，并用它来进行设计，强调曲线装饰，特别是花卉图案、阿拉伯式图案或富有韵律、互相缠绕的曲线。曲线风格园林的典型代表是西班牙天才建筑师安东尼奥·高迪的代表作古埃尔公园（见图 2-39），古埃尔公园糅合了西班牙传统摩尔式和哥特式文化特点。别外，曲线风格的园林还有很多著名的代表作，如巴特罗公寓、米拉公寓、圣家族大教堂（见图 2-40）等。

被誉为“上帝的建筑师”的天才大师安东尼奥·高迪，一生留下无数知名建筑，也让人感慨，“没有哪座城市会像巴塞罗那，因一个人而变得熠熠生辉。”

2. 追求直线几何的风景园林设计

追求直线几何的风景园林设计，即探索用简单的几何形式及构成进行风景园林设计。追求直线几何的新

图 2-39　古埃尔公园

图 2-40　圣家族大教堂

艺术运动派系包括：苏格兰格拉斯哥学派奥地利的维也纳分离派、德国的青年风格派。如图 2-41 所示的彼得•贝伦斯设计的 1907 年德国曼海姆建成 300 周年园艺展充分体现了风景园林的直线几何风格。

图 2-41　1907 年德国曼海姆建城 300 周年园艺展

(三) 巴黎“国际现代工艺美术展”的风景园林设计

1925 年的巴黎国际现代工艺美术展是现代景观设计发展史上的里程碑，它设有建筑、家具、装饰、戏剧、街道和园林艺术、教育几个部分。展览中：由古埃及建筑师瑞克安设计的“光与水的花园”以三角形为母题，将混凝土、玻璃、光电技术应用于全新的几何构图中，通过完整地吸收立体主义构图思想，在全面革新风景园林设计的空间概念上迈出了可喜的一步；家具设计师和书籍封面设计师 P.E.Legrain 设计的 tachard 住宅庭园将室内设计向室外延伸，将功能空间贴切地反映在平面图形的组合上；建筑师 R.Mallett Stevens 在庭园中放置了 4 棵由混凝土做成的雕塑树，更新了人们关于庭园景观材料的观念。虽然本次展览中，庭园只占展出内容的一小部分，但其与建筑“新精神”一致的设计理念，不规则的几何式与动态均衡的平面构图和多样化的材料使用展示了景观设计发展的新方向与新领域。

（四）现代主义建筑师设计的园林

更多现代主义建筑师将新建筑设计的原则与环境的联系进一步加强：法国的勒·柯布西耶于 1929—1931 年设计的萨伏伊别墅（见图 2-42）以底层架空和屋顶花园将建筑嵌入自然；芬兰的阿尔瓦·阿尔托在 1929 年设计的玛丽亚别墅将建筑布置在森林围绕的山丘顶部，并通过 L 形平面将室内外融为一体；德国的密斯·凡德罗于 1929 年设计的巴塞罗那世界博览会德国馆，通过 2 个以矩形水池为中心的庭院形成室内外空间的流动、穿插与融合；英国现代景观设计奠基人唐纳德在理论上指出现代景观设计的三个方面，即功能、移情和美学。

图 2-42　勒·柯布西耶设计的萨伏伊别墅

（五）现代艺术对风景园林设计的启迪

20 世纪 30 年代中期以后，第二次世界大战的爆发促使欧洲许多有影响力的艺术家、景观设计师（如德国的格罗皮乌斯和英国的唐纳德等人）前往美国。他们将欧洲现代主义设计思想引入美国，在他们的鼓励、引导下，哈佛大学景观设计专业学生罗斯、丹·凯利、盖瑞特·埃克博等人发起哈佛革命，宣告了现代主义景观设计的诞生。

20 世纪 30—40 年代，在战争阴云笼罩下的欧洲，虽然有许多设计师离去，现代景观设计的发展仍在继续，尤其在一些没有受到战争破坏的斯堪的纳维亚半岛国家，景观设计师继续推广具有本土特色的现代主义。他们根据北欧地区特有的自然、地理环境特征，采取自然形式或有机形式，以简单、柔和的风格创造出本土化的富有诗意的景观。

野兽主义是 1898—1908 年在法国盛行一时的一个现代绘画潮流。野兽主义虽然没有明确的理论和纲领，但却是一定数量的画家在一段时期里聚合起来积极活动的结果。野兽主义得名于 1905 生巴黎的秋季沙龙展览，当时以马蒂斯为首的一批前卫艺术家展于同一层厅的作品引起轩然大波。野兽主义追求更为主观和强烈的艺术表现。野兽派画家特别讲究透视与明暗的关系，采用更加平面化的构图，使暗面和亮面形成强烈的对比。

再后来，出现了立体主义和风格派。立体主义利用块面的结构关系来分析物体，表现体面的重叠、交错的美感。风格派彼埃·蒙德里安真正奠定了几何抽象主义的理论基础。

五、现代主义背景下的景观设计

20 世纪 20 年代至 50 年代，欧洲的现代主义景观虽然没有与现代主义建筑完全同步发展，但它受到现代主义建筑的影响，逐渐形成了一些基本特征。例如：对空间的重视与追求；采用强烈、简洁的几何线条；形式与功能紧密结合；采用非传统材料和更新传统材料；等等。

20 世纪 60 年代，欧洲社会进入全盛发展期，许多国家的福利制度日趋完善，但经济高速发展所带来的各种环境问题也日趋严重，人们对自身生存环境和文化价值的危机感加重，经常举行各种游行、示威。社会、经济和文化的危机与动荡使景观设计进入反思期，一部分景观设计师开始反思以往沉迷于空间与平面形式的设计风格，主张把对社会发展的关注纳入设计主题之中。他们一方面在城市环境规划设计中强调对人的尊重，借助环境学、行为学的研究成果，创造真正符合人的多种需求的人性空间，另一方面在区域环境中提倡生态规划，通过对自然环境的生态分析，提出解决环境问题的方法。此外，艺术领域中各种流派如波普艺术、极简主义艺术、装置艺术、大地艺术等的兴起也为景观设计师提供了更宽泛的设计语言素材，一些艺术家甚至直接参与环境创造和景观设计，将对自然的感觉、体验融入艺术作品中，表现了自然力的伟大和自然本身的脆弱性，自然过程的复杂、丰富等。

第六节 当代园林的发展

20 世纪 30—40 年代以来，欧洲现代景观规划设计理论在美国找到了开花结果的最佳土壤，美国现代景观规划设计实践与理论对世界的影响越来越大，但欧洲当代景观设计却逐渐显现出一种摆脱美国影响的力量，尤其是 20 世纪 90 年代以来，欧洲一些年轻的景观设计师反感当代美国用金钱堆砌出来的所谓工业或后工业时代景观，认为用奢华材料做出来的优雅、简洁的作品是冰冷僵硬的、没有生气的，而且这些作品只为富人或大公司服务，很少关注普通大众的需要。于是他们转向从自己园林文化传统中寻找现代景观设计的依据和固有特征，以抗衡美国的流行文化霸权。当然，他们对待园林文化传统的态度是极其鲜明的，即继承其精神而非形式，除了为修复古迹而做的复古园林，绝对不会去做仿古作品。欧洲景观设计师经常在传统的环境中工作，面对的是几个甚至十几个世纪遗留下来的街道、广场、城墙、护堤、教堂、庄园，他们善于寻找问题的关键，把传统的精髓提炼出来，并转化为崭新的设计语言，最后创造出别具一格、充满韵味的作品。

在全球化、欧洲一体化的今天，欧洲的园林文化传统又在进行新的大融合，不仅景观设计师之间相互学习、交流频繁，而且大量景观设计师正在跨地域工作，他们把自己的文化背景、个人风格融入当地，使其作品既有地域特征又有强烈的个性。

一、 现代风景园林的后现代走向

20 世纪 60 年代末 70 年代初，经济繁荣下的社会无节制发展，使人们对自身生存环境和人类文化价值的危机感日益加重，在经历了现代主义初期对环境和历史的忽略之后，传统价值观重新回到社会，环境保护和历史保护成为普遍的意识。现代风景园林进入了一个“现代主义”之后的多元化发展的时期。

（一）经典不再和多重取向

功能至上的思想受到质疑，艺术、装饰、形式又得到重视。传统园林的价值重新得到尊重，古典的风格也可以被接受。设计的思想更加广阔，手法更加多样，现代风景园林朝向多元化方向发展。

（二）审美情趣个性化

西方哲学中非理性思潮的泛滥，使“尊重个性、肯定个人价值”的呼声日益高涨：尼采谴责黑格尔抹杀个性的概念化做法；索伦·克尔凯郭尔将个体视为世界的真实存在；让－保罗·萨特认为个体存在优先于普遍性本质，并将其作为哲学原点，认为排除了个人存在，就意味陷入了“虚无”。总之，万物统一于我，融合于我，将个性自由作为存在的最基本属性。这种思潮在风景园林设计领域的反映，就是表现自我，弘扬个性。

二、科学之路——风景园林生态主义

景观生态学能通过观察空间结构帮助人们理解景观改造的作用。

风景园林生态主义的特点是：研究对象扩展到大地综合体，即由人类文化圈和自然生物圈交互作用而形成的多个生态系统的镶嵌体；强调水平生态过程与景观格局之间的相互关系，研究多个生态系统之间的空间格局及相互之间的生态系统，包括物质流动、物种流、干扰的扩散等，并用一个基本的模式——斑块－廊道－基底模式来分析和改变景观，以此为基础，发展了景观生态规划模式。

（一）风景园林设计的生态主义

20世纪后半期，西方风景园林界也注意到科学设计的局限性：第一，由于片面强调科学性，风景园林设计的艺术感染力日渐下降；第二，鉴于人类认识的局限性，设计的科学性并不能得到切实保证。因此，生态设计向艺术回归的呼声日益高涨，一些后工业景观的设计应运而生。

1. 德国风景园林生态主义

彼得·拉茨是德国当代著名景观设计师。由于受父亲的影响，他对建筑产生了浓厚的兴趣，也获得了许多重要的专业知识和技能。在他上中学的时候，他就决定将来要做一位景观设计师，这样他可以用更多的植物材料像建筑师那样创造性地工作。

彼得·拉茨的设计理念如下。

1）保持自然状态，减少人为干预

彼得·拉茨认为，景观设计师不应过多地干涉一块地段，而是要着重处理一些重要的地段，让其他广阔地区自由发展，景观设计师处理的是景观变化和保护的问题，要尽可能地利用在特定环境中看上去自然的要素或已存在的要素，要不断地体察景观与园林文化的方方面面，总结它的思想源泉，从中寻求景观设计的最佳解决途径。

2）借鉴传统，自我创新

对于传统园林，彼得·拉茨认为我们应该学习借鉴，但是不能照搬。他的设计不是故意违背传统，追求标新立异，但也不追求与传统的一致，而是寻求适合场地条件的设计，追求的是地段的特征。他对自然与美有自己的理解。例如，他从来都不认为采石场是煞风景的东西，相反，在他眼里，它极富魅力。还有，他认为，熔化的铁水在凝固时产生的肌理和铁块的锈蚀本身就是一种自然现象，与种植花木相比毫不逊色，甚至要更自然一些。也正因为如此，他在杜伊斯堡景观公园中让粗糙的铁板裸露在地面上，让钢铁的构筑物自然锈蚀。这种与众不同的理解也许就是他的作品不同于传统作品的原因。

3）“少”和“多”的设计手法

彼得·拉茨非常欣赏路德维希·密斯·凡德罗的建筑，特别是路德维希·密斯·凡德罗建筑中“少”与“多”的关系。他常常在景观设计中采用最简单的结构体系，如在港口岛公园中，他用格网建立了简单的景观结构。他认为，港口岛的这一结构体系是非常自然的，就像在大地上已经存在的一样。形式和格网在彼得·拉茨的许多规划设计中扮演了重要角色。

4）景观句法

20 世纪 90 年代末，彼得·拉茨出版了一本著作《The Syntax of Landscape》，针对萨尔布吕肯的港口岛和杜伊斯堡景观公园等项目进行了总结，归纳了其设计方法，他在其中提出的重要观点就是景观句法。为规划设计提供一个灵活而有序的空间结构是非常重要的。景观作品的表现力并不完全在于精益求精的艺术设计结果，而是在于像许多景观设计者认识到的那样，作品中存在一个尽量合理的构架。可以说，景观句法表现出以彼得·拉茨为代表的德国景观建筑师擅长理性分析客观世界逻辑次序的显著特点。

2. 德国当代生态风景园林

20 世纪 90 年代，曾经是德国最重要工业基地的鲁尔区，进行了一项对欧洲乃至世界上都产生重大影响的项目——埃姆舍公园。埃姆舍公园由西边的杜伊斯堡市到东边的贝格卡门，长 70 km，从南到北约 12 km 宽，面积达 800 km^2，区内人口约为 250 万。

埃姆舍公园的最大特点是巧妙地将旧有的工业区改建成公众休闲、娱乐的场所，并且尽可能地保留了原有的工业设施，同时又创造了独特的工业景观。这项环境与生态的整治工程，解决了这一地区由于产业的衰落带来的就业、居住和经济发展等诸多方面的难题，从而赋予旧的工业基地以新的生机，这一意义深远的实践为世界上其他旧工业区的改造树立了典范。杜伊斯堡景观公园是其中最引人注目的公园之一。杜伊斯堡景观公园平面示意图如图 2-43 所示。在杜伊斯堡景观公园中，保留着完整的中心厂区，如图 2-44 所示。

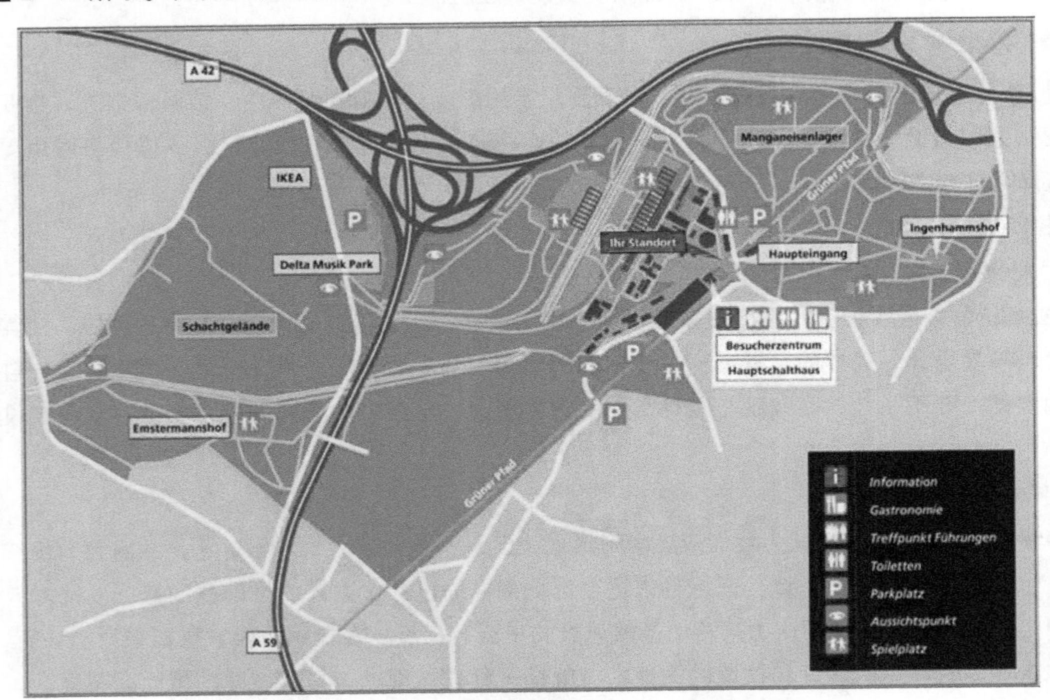

图 2-43　杜伊斯堡景观公园平面示意图

图 2-44 保留完整的中心厂区示意图

面积 200 公顷（1 公顷 =10 000 平方米）的杜伊斯堡景观公园坐落于杜伊斯堡市北部，这里有有着百年历史的 A.G.Tyssen 钢铁厂，尽管这座钢铁厂在历史上曾辉煌一时，但它却无法抗拒产业的衰落，最终于 1985 年关闭，无数的老工业厂房和构筑物很快淹没于野草之中。1989 年，政府决定将该工厂改造为公园，成为埃姆舍公园的组成部分。彼得•拉茨的事务所赢得了国际竞赛的一等奖，并承担设计任务。

从 1990 年起，由彼得•拉茨与其夫人领导的小组开始规划设计工作。经过努力，1994 年，公园部分建成开放。规划之初，小组面临的最关键问题是工厂遗留下来的东西（像庞大的建筑和货棚、矿渣堆、烟囱、鼓风炉、铁路、桥梁、沉淀池、水渠、起重机等）能否真正成为公园建造的基础。如果答案是肯定的，又怎样使这些已经无用的构筑物融入今天的生活和公园的景观之中呢？彼得•拉茨的设计思想理性而清晰，他要用生态的手段处理这片破碎的地段。

杜伊斯堡景观公园的设计理念如下。

1）保留构筑物

工厂中的大多构筑物都予以保留，部分构筑物被赋予新的使用功能。

高炉等工业设施可以让游人安全地攀登，废弃的高架铁路可改造成为公园中的游步道，并处理成大地艺术的作品，工厂中的一些铁架可成为攀缘植物的支架，高高的混凝土墙体可成为攀岩训练场……设计公园时，不是努力掩饰这些破碎的景观，而是寻求对这些旧有的景观结构和要素的重新解释。设计也从未掩饰历史，任何地方都让人们去看，去感受历史，建筑及工程构筑物都作为工业时代的纪念物保留下来，它们不再是丑陋难看的废墟，而是如同风景园中的景物，供人们欣赏。如图 2-45 所示为 5 号高炉现更新为公园全景的观景塔。如图 2-46 所示为在景观平台上看到的公园。

图 2–45　5 号高炉现更新为公园全景的观景塔

图 2–46　在景观平台上看到的公园

2）*废弃材料的再利用*

工厂中原有的废弃材料也得到有效利用：红砖磨碎后可以用作红色混凝土的部分材料，厂区堆积的焦炭、矿渣可成为一些植物生长的介质或地面面层的材料，工厂遗留的大型铁板可成为广场的铺装材料等。

公园内各式各样的桥梁和四通八达的步行道一起构成道路系统，铁路公园与高架步行道系统相结合，构成园区标高最高的层次（高出地面约 12 米），通过楼梯、台阶等与其他空间层次相连结。道路系统像整个公园的脊柱一般，不仅仅是景区内部的散步通道，还建立了各个市区间的联系，增强了城市沟通，并且增调了开放性空间的功能。

工厂中的植被均得以保留，荒草也任其自由生长，炼焦场和铁轨两边长满了白桦树和柳树。另外，还引进了一些适合在铁矿石地区生长的植物品种，这些植物品种种在工厂附近。总之，园区植被是优良的本地品种和外来品种的有机混合。

水可以循环利用，污水被处理，雨水被收集。公园内的水引至工厂中原有的冷却槽和沉淀池，经澄清过滤后，流入埃姆舍尔河。彼得·拉茨最大限度地保留了工厂的历史信息，利用原有的废料塑造公园的景观，从而最大限度地减少了对新材料的需求，减少了对生产材料所需的能源的索取。

杜伊斯堡景观公园绚丽、迷幻的夜景照明是由在欧洲负有盛名的英国艺术家乔纳森·帕克设计完成的。

3. 法国风景园林生态主义

在当今法国风景园林设计理念与设计风格的转变过程中，吉尔·克莱芒的影响作用不容低估，尤其是在他的代表作品巴黎安德烈·雪铁龙公园建成开放之后，在城市中难得一见的丰富的植物景观得到了巴黎市民和参观者的广泛认可。吉尔·克莱芒在其设计作品中表现出来的对植物语言的深刻了解和娴熟的植物群落配置技巧，在全球性注重保护自然和生态环境的大背景之下，逐步确立了其在国际风景园林设计行业领头羊的地位。

出身于农学和园艺学的吉尔·克莱芒堪称一位造诣很深的植物学家。他一反法国传统园林将植物仅仅看作是绿色实体或自然材料的建筑式设计理念，将自然作为园林的主体来看待，研究新型园林的形态。

1919 年，安德烈·雪铁龙在塞纳河边建起了他的雪铁龙汽车制造厂，生产包括汽车在内的多种产品。雪铁龙汽车制造厂一直经营到 20 世纪 70 年代，随后在首都的“城市化”战略要求以及产业发展的需求下迁出巴黎，留下位于巴黎西南角第 15 区内塞纳河左岸的一块 30 多公顷的空地。这块区域由于常年往来停泊那些运输煤炭、金属等工业原料的驳船，已经被严重污染，沦为工业废弃地，并在 20 世纪 70 年代后半期不断衰落。

安德烈·雪铁龙公园坐落于巴黎 15 区，位于城市西南角，濒临塞纳河，是雪铁龙汽车制造厂搬迁之后，在面积为 45 公顷的工业废弃地上兴建的城市新区中的公园，公园总面积约 14 公顷，与加维尔沿河路相接。在规划布局上，安德烈·雪铁龙公园与巴黎原有的荣军院广场、战神广场和巴黎植物园的中心花园一样，都处在与塞纳河相垂直的轴线上。整个安德烈·雪铁龙公园被一条呈对角线的斜轴一分为二，呈现与众不同的 X 形。安德烈·雪铁龙公园因奇特的构图和丰富的园景而令人瞩目。X 形构图的安德烈·雪铁龙公园平面图如图 2–47 所示。

这座以植物景观为特色的城市公园，在景观结构上也与巴黎其他新建的公园有所不同，给游人留下了极大的自由活动空间。公园中央是以供人们休憩活动的草坪构成的“大花坛”，周围布置休闲和娱乐空间。公园高低错落、主次分明，结构清晰、均衡稳定。公园的景观结构和空间富有强烈的节奏感和韵律感。吉尔·克莱芒突出了法国传统园林中主题花园的设计理念和内容，我们可以在凡尔赛宫中看到类似的处理手法。

在安德烈·雪铁龙公园的设计实践中，吉尔·克莱芒尝试将花园视为一片自然的荒地，并交给经过培训的、有经验和能力的园林园艺师去管理，完全经他们之手去整治和经营。“动态花园”的设计理念体现在它由野生草本植物精心配置而成。吉尔·克莱芒并非刻意地去养护管理那些野生植物，而是接受它们并给它们定向，使其优势得以发挥，从而营造出优美独特的园林景观，野生植物的生长变化完全处于景观设计师的掌握之中。

图 2-47　X 形构图的安德烈·雪铁龙公园平面图

由自然决定植物应扮演的角色和命运，类似自然灌丛的景观，野趣横生，极大地刺激了寻求新奇感的巴黎游人的想象力。动态起伏是吉尔·克莱芒设计作品的风格，也正是他着重强调的方法，自然植物和人工植物是他创作的主要素材，而丰富的知识和生活阅历是其作品宝贵的源泉。

从某一方面来说，安德烈·雪铁龙公园是以三组建筑来组织的，这三组建筑相互间有严谨的几何对位关系，它们共同限定了公园中心部分的空间，同时又构成了一些小的系列主题花园。安德烈·雪铁龙公园设计简图如图 2-48 所示。

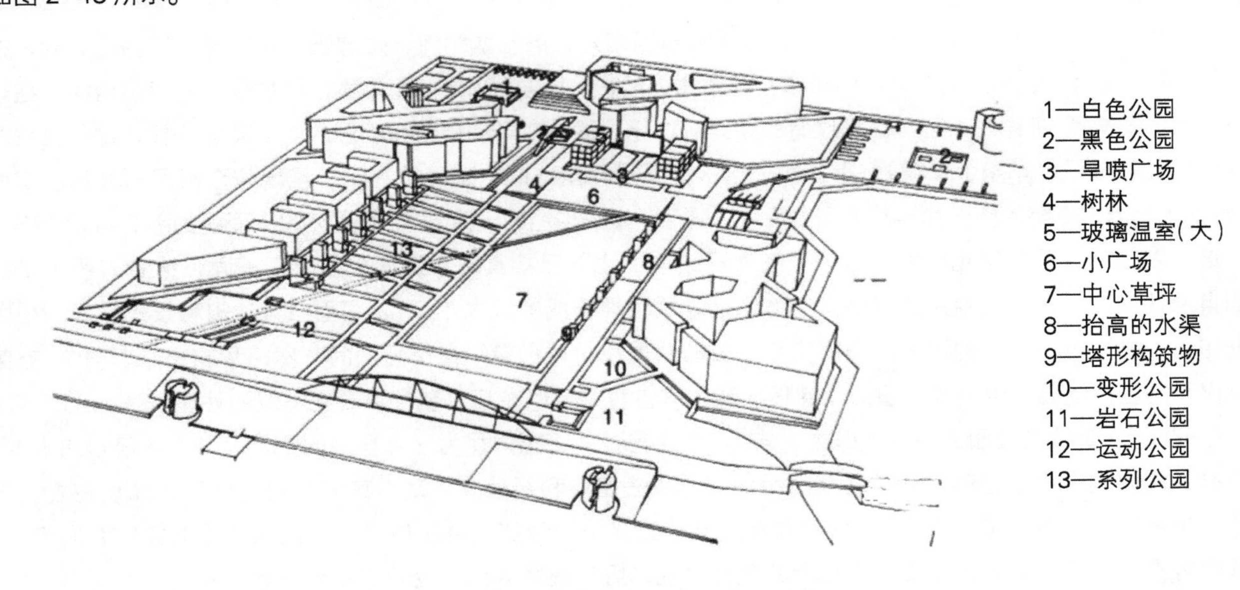

图 2-48　安德烈·雪铁龙公园设计简图

第一组建筑是位于中心南部的 7 个混凝土构筑物，景观设计师称之为“岩洞”，它们等距地沿水渠布置。与这些岩洞相对应的是在公园北部，中心草坪的另一侧的 7 个轻盈的、方形玻璃小温室，它们是公园中的第二组建筑，在雨天也可以成为游人避雨的场所。岩洞与小温室一实一虚，相互对应。第三组建筑是公园东部的 2 个形象一致的玻璃大温室，尽管它们体形高大，但是材料轻盈、比例优雅，所以并不显得特别突出。 2 个大温室之间是倾斜的花岗石铺装场地，这也是公园中唯一的一块广场，场地中央是由 80 个喷头组成的自控喷泉。喷泉的喷水高度不断变化，在视觉上产生强烈的效果。喷泉夏季还可成为儿童戏水的好地方。

公园中的主要游览路是对角线方向的轴线，轴线既把公园分为 2 个部分，又把园中各主要景点（如黑色花园、中心草坪、喷泉广场、系列园中的蓝色园、运动园等）联系起来。如图 2–49 所示为玻璃温室及玻璃温室前的旱喷。

图 2–49　玻璃温室及玻璃温室前的旱喷

公园中心的大草坪是周围密集居民区居民户外活动的场所。大草坪很空旷，四周被水渠围合，不宜举行活动，且球类运动也是被禁止的，所以不少居民认为其设置只是考虑了景观的效果，无法满足人们休闲的需要。

公园北部 6 个系列花园之间的跌水组成了公园南北方向的辅轴线，跌水同时也起到分隔这些系列花园的作用。系列花园面积一致，均为长方形，呈阶梯状布置。这些系列花园游人均可以进入，也可以在高处的小桥上鸟瞰，这些小桥把 7 个小温室联系起来。

对角线西北方向的终点是运动园，运动园充满野趣，如同大自然中的一块原野。 布置在对角线的另一端的白色花园和黑色花园将色彩花园的理念推向极致。

（二）风景园林艺术之路

1. 极简主义艺术和大地艺术

极简主义艺术于 20 世纪 60 年代出现在美国，主要是针对抽象的表现主义绘画和雕塑中的个人表现而产生的一种艺术倾向。极简主义艺术形式简约、明快，多用简单的几何形体，重复、系统化地摆放物体，追求非人格化的结构以及抽象、简约和几何秩序。

大地艺术发端于 20 世纪 60 年代末的美国。艺术家摆脱画布和颜料，走出画室，将风景本身设计为一件巨大的艺术品，将艺术与自然力、自然过程和自然材料相结合，寻求人和自然间的交流。大地艺术继承了极简主义艺术的抽象、简约和几何秩序。与极简主义艺术相比，大地艺术更注重艺术内在的浪漫性以及艺术与自然的融合 。较能体现大地艺术的为克里斯多的流动的围篱，如图 2–50 所示。

图 2–50　克里斯多的流动的围篱

2. 超现实主义

超现实主义从西格蒙德•弗洛伊德的潜意识学说中汲取思想养料 ，把现实观念与本能、潜意识和梦的经验相糅合，以达到一种绝对的和超现实的境界。超现实主义常常采用出其不意的偶然结合、无意识的发现、现成物的拼集等手法。1982 年，由乔治•哈格里斯夫完成的位于美国丹佛市的哈乐昆广场被尊为美国风景园林设计的分水岭。它标志着超现实主义设计形式的极大成功。哈乐昆广场如图 2–51 所示。

图 2–51　哈乐昆广场

3. 波普艺术

波普艺术的主题就是日常生活，波普艺术反映当时的文化现实，揭示这种文化上的深刻变化。波普化的风景园林设计表现形式是拼贴与重复。玛莎·施瓦茨在其许多作品中表达出波普艺术的拼贴与重复意趣，如图2-52所示的怀特海德生化所屋顶拼合园。

图2-52　怀特海德生化所屋顶拼合园

（三）风景园林的哲学取向

1. 风景园林设计与文脉主义

文脉主义又称为后现代都市主义。当现代主义千篇一律的方盒子破坏了城市原有的结构和传统文化之后，一部分景观设计试图恢复原有的城市秩序和精神。文脉主义强调个体与整体的关联性，使个体与区域形成有机联系的一个整体，就像文章中上下文的脉络一样。由文丘里设计的华盛顿西广场是文脉主义典型的作品。华盛顿西广场如图2-53所示。

图2-53　华盛顿西广场

2. 风景园林设计与隐喻主义

隐喻主义通过文化、形态或空间的隐喻创造有意义的内容和形式。带有文化或地方印迹的隐喻由于具有表述性而易于理解。抽象方式的隐喻由于手法隐约而不具有直接表述性。隐喻主义较具代表性的作品是位于美国得克萨斯州的威廉姆斯广场（见图2-54）。威廉姆斯广场上座落着25匹野马雕塑。在城市建立之前，这片土地曾是野马的重要栖息地，野马雕塑就是为了纪念“老居民们”而作。野马代表驱动力，象征着主动和无拘无束的生活方式。

3. 风景园林设计与神秘主义

神秘主义的风景园林设计都不同程度地借助于古老哲学的解释，如玄学、禅宗等，或是对材料进行特别的组织、加工，从而获得某种超自然的效果，如图 2-55 所示的杰弗里·杰里科的作品莎顿庄园。

图 2-54　威廉姆斯广场

图 2-55　莎顿庄园

4. 风景园林设计与叙事手法

西方风景园林设计的叙事手法主要有隐喻、象征等。

5. 风景园林设计与符号学

1）关于符号学

人是符号的动物。一切文化形式，当然也包括景观，既是符号活动的现实化，又是人的本质的对象化。

2）景观符号的类型及组成要素

在图形范畴，景观符号可以分为图像符号、指示符号和象征符号三类。景观符号组成要素包括两个方面：一是它的形式（能指）；二是它的意义（所指）。

3）符号学理论在风景园林设计中的应用

符号形式通过移植、拼贴、嫁接某些符号形式来获得某种符号意义。摆脱既往的符号形式和符号结构，以全新的形式结构再诠释、发展需要承接的意义，是设计文脉主义的另一种手法。典型的符号学理论在风景园林设计中的运用如图 2-56、图 2-57 所示。

图 2-56　德国慕尼黑机场凯宾斯基酒店花园

6. 风景园林设计与结构主义

结构把研究重点放在符号系统的各要素关系上，认为深层结构重于表层结构，强调共时性，忽视历时性。典型的结构主义风景园林作品为丹·凯利的达拉斯联合银行大厦喷泉广场，如图 2-58 所示。

图 2–57　美国奥尔良市意大利广场

图 2–58　达拉斯联合银行大厦喷泉广场

7. 风景园林设计与解构主义

解构主义从根本上颠覆了传统形而上学思维方法的二元对立。

在风景园林设计中，解构的方法不是“颠倒”而是“游戏”：一是对完整、和谐的形式系统的解构；二是对中心论解构；三是对功能意义与价值的解构；四是对确定性的解构。典型的解析主义的风景园林作品为伯纳德·屈米的巴黎拉·维莱特公园，如图 2-59 所示。

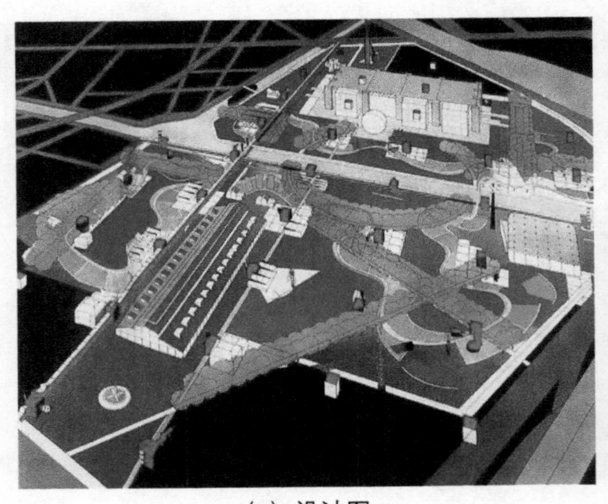

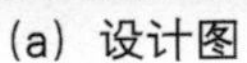

(a) 设计图

(b) 实景

图 2-59　巴黎拉·维莱特公园

第三章 景观设计要素及形式的营造

在景观设计中有各式各样的基本要素，每个基本要素可以有多种方式的变化。不同的景观设计要素可以组织成各种不同的格局。不同的景观设计要素不断变化、互相组合使不同的景观作品具有各自的特点。在了解景观设计要素后，最重要的是掌握如何综合运用景观设计要素。

第一节 景观设计要素

一、地形

在地形设计中，首先必须考虑对原地形的利用：结合基地调查和分析的结果，合理安排各种坡度要求的内容，使之与基地地形条件相吻合。地形是景观设计中最基本的场地和基础。地形主要分为规则式地形和自然式地形。规则式地形主要指不同标高的地坪。自然式地形主要指平原、丘陵、山峰、盆地，如图 3–1 所示。

图 3–1　自然式地形

（一）地形在景观设计中的主要影响和作用

（1）划分和组织空间，直接影响环境的功能布局、平面布置和空间形态。

（2）地面坡度对景观设计和建设有多方面的影响。

（3）地形条件能丰富空间功能构成，影响建筑的布置。

（4）地形条件影响环境的微气候。

（二）景观设计中地形的设计原则和方法

（1）在景观设计中，根据功能布局的需求，利用微地形或者适当地抬高、下沉场地来划分不同的区域，使空间既彼此分隔又相互联系。

（2）对于地形变化较大的场地，可以利用地形的坡度设计跌水，也可以适当地进行挖湖、堆山，丰富空间形态。

（3）在人流大量聚集的区域，需要有便捷的集散空间，场地宜处理形成平缓、开敞的地形。

（4）对于休闲类景观中的自然地形的处理，要师法自然。

地形的设计案例如图 3–2~ 图 3–4 所示。

二、植被

植被是景观设计的重要素材之一，包括草坪、灌木和各种乔木等。植被作为景观建筑的基本媒介，不仅具有美学意义和结构的特性，而且还具有一系列广泛的环境意义。植被在城市中的主要作用是：改善城市小

图 3-2 地形的设计案例一

图 3-3 地形的设计案例二

图 3-4 地形的设计案例三

气候，调节气温，过滤尘埃，降低风速，增加空气湿度；吸附空气中的粉尘，防治生物污染。例如，植被可以减少很多借助空气灰尘传播的细菌，营造出人们熟悉、喜欢的各种空间。除此之外，植被还扮演着非常重要的生态角色。作为生态系统的一部分，植被为野生动物和人类提供栖息地，有助于增加生物的多样性。黄土高原上的绿色植被如图 3-5、图 3-6 所示。德图柏林莱茵河的城市绿化如图 3-7 所示。

图 3-5 黄土高原上的绿色植被一

图 3-6 黄土高原上的绿色植被二

图 3-7 德国柏林莱茵河的城市绿化

（一）植被的功能

植被的功能包括视觉功能和非视觉功能两个。植被的非视觉功能是指植被改善气候、保护物种的功能。植被的视觉功能是指植被在审美上的功能，即植物的空间造型能否营造愉悦的空间类型。罗宾奈特在其著作《植物、人和环境品质》中将植被的功能总结为美学功能、空间功能和生态功能三个。

1. 美学功能

植被的美学功能体现在景观设计中，强调主景、框景及美化其他设计元素，使其作为景观焦点或背景。另外，利用植被的色彩、质地等特点可以形成小范围的特色，提高景观的识别性，使景观更加人性化。植被的美学功能还体现在植物形态之美，开花、结果随时间的变化展现出的生生不息，能够提供视觉、触觉、嗅觉等感官上的愉悦上。植物的形状，花、叶的色彩能给人带来美的享受。如图 3-8 所示的观花植物、图 3-9 所示的观叶植物就能给人以美的享受。

2. 空间功能

植被的空间功能是指植被具有空间造型功能，即植被能够界定空间、遮景、提供私密性空间和创造系列景观等。植被的高度与空间形成的关系如图 3-10 所示。低矮植被形成的地面效果如图 3-11 所示。

植物的五种常见空间为：开放空间、半开放空间、开敞的水平空间、封闭的水平空间、垂直空间，如图 3-12 所示。

图 3-8 观花植物

图 3-9 观叶植物

图 3-10 植被的高度与空间形成的关系

图 3-11 低矮植被形成的地面效果

(a) 开放空间

(b) 半开放空间

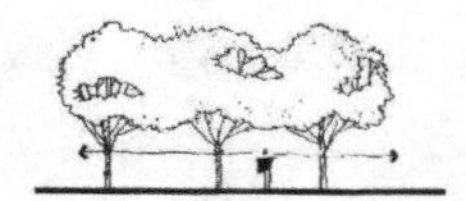

(c) 开敞的水平空间

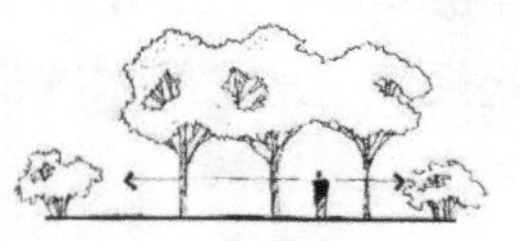

(d) 封闭的水平空间

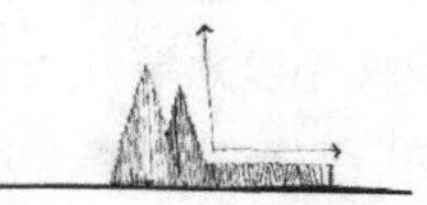

(e) 垂直空间

图 3-12 植被的五种常见空间

3. 生态功能

植被的生态功能是指植被不仅仅能够遮阴、防风、净化空气、调节温度、降低噪音和影响雨水的汇流等，更重要的是植被能够提供生物栖息、繁衍、觅食的生存空间。例如：大量植被（如城市大型绿地和公园）能够隔离噪声，如图 3-13 所示；大量、多种植被结合的绿地能够为昆虫、鸟类提供栖息地，如图 3-14 所示。

八一水库位于河北邢台市区西北方向大约 25 公里处，其上游有一片非常美丽的柳林，每当水库水位上涨的时候，部分柳树就会被淹没，形成类似于热带水生树的景观，这片由于水位上涨形成的面积不大的小湿地，栖息着 50 余种鸟。

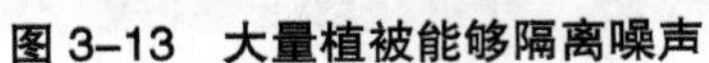

图 3–13　大量植被能够隔离噪声

图 3–14　大量、多种植被结合的绿地能够为昆虫、鸟类提供栖息地

（二）植被的分类

一般将植被分为乔木、灌木、藤本植物、花卉、草坪草和地被植物等。

1. 乔木

乔木是指树身高大的木本植物。乔木由根部发生独立的主干，树干和树冠有明显的区分，其高度通常在 5 m 以上。木棉、松树、玉兰、白桦等都属于乔木。乔木按冬季或旱季落叶与否分为落叶乔木和常绿乔木两类，按其高度分为伟乔（31 m 以上）、大乔（21 ~ 30 m）、中乔（11 ~ 20 m）、小乔（6 ~ 10 m）等四类。

2. 灌木

灌木通常是指那些植体矮小、没有明显的主干、呈丛生状态的树木。它一般可分为观花灌木、观果灌木、观枝干灌木等几类，是矮小而丛生的木本植物。常见的灌木有玫瑰、杜鹃、牡丹、女贞、小檗、黄杨、铺地柏、连翘、迎春、月季等。

3. 藤本植物

藤本植物也称为攀缘植物，其自身不能直立生长，需要依附于他物，如常春藤、圆叶牵牛等。

4. 花卉

花卉是园林景观中重要的造景材料，包括一年生花卉、二年生花卉和多年生花卉。花卉有常绿的，也有冬枯的。花卉种类繁多，不同的花卉在色彩、株形、花期上差异很大。

5. 草坪草和地被植物

草坪草是指可以形成各种人工草地的生长低矮、叶片稠密、叶色美观、耐践踏的多年生草本植物。地被植物是指用于覆盖地面的矮小植物。地被植物既包括草本植物，也包括一些低矮的灌木和藤本植物，其高度一般不超过 0.5 m。

三、 水体

水体是造园中最主要的因素之一。不论哪一种类型的景观，水都是其中最富有生气的因素，无水不活。喜水是人类的天性。水的形态多样，千变万化。在景观设计中，水景设计的范围很宽泛，大到滨水景观（如滨海、滨湖、滨河等）设计，小到小块水池（如图 3–15 所示的游泳池、图 3–16 所示的池塘、图 3–17 所示的喷泉）设计，都属于水景设计。

图 3–15　游泳池

图 3–16　池塘

图 3–17　喷泉

水体有以下两种分类方式。

1. 按水型分类

按水型，水体可分为自然水体和规则水体两类。自然水体是指自然状态下的水体，如自然界的湖泊、池塘、溪流等，其边坡、底面均是天然形成的。规则水体多指人工状态下的水体，如喷水池、游泳池等，其侧面、底面均是由人工构筑成的。

2. 按水势分类

按水势，水体可分为静态水体和动态水体两类。静态水体给人柔美、安静之感，动态水体给人活泼、灵动之感。自然式景观以表现静态的水景为主，以表现水面平静如镜或烟波浩渺的寂静深远的境界取胜。动态水体又可细分为流动型水体、跌落型水体和喷涌型水体三种。动态水体一般是指人工景观中的喷泉、瀑布和活水公园等。

四、气候

气候受地理纬度、地形地貌、植被、水体、大气环流、空气湿度、太阳辐射等诸多自然因素的影响。人工环境对区域气候的改变（如城市作为一个巨大的综合人工环境，既是一个巨大的蓄热体，又是一个能量发射器），形成了特殊的温度场和气流场。在景观设计中，运用构筑物、植被、水体来改善局部气候，能够使某一地域的气温、湿度、气流让人感到舒适。

五、城市公共景观设施

城市公共景观设施又称为环境设施、城市家具、建筑小品等，是城市景观的要素之一。如图 3–18 所示的休息座椅就属于城市公共景观设施。城市公共景观设施通常可分为以下十种。

图 3–18　休息座椅

（一）休息设施

休息设施是直接服务于人的设施之一，它最能体现对人性的关怀。在城市空间场所中，休息设施是人们利用率最高的设施。休息设施以椅凳为主，休息廊也属于休息设施。休息设施主要设置在街道小区、广场、公园、步行道等处，供人休息、读书、交流、观赏等使用。

（二）信息设施

信息设施种类很多，它既包括以传达视觉信息为主的标志设施、广告系统，又包括以传递听觉信息为主的声音传播设施。信息设施的主要形式体现为:指示牌、街钟、公共电话亭（见图 3–19）、音响设备、信息终端等。

图 3-19　公共电话亭

（三）交通设施

在城市空间环境中，围绕交通安全而设置的公共设施多种多样。大到汽车停车场、人行天桥，小到道路护栏、公交车站，以及通道、台阶、坡道、道路铺设、自行车停放处等，都属于交通设施。

（四）卫生设施

卫生设施主要为保持城市环境卫生而设置。常用的卫生设施有垃圾箱、烟灰桶、饮水机、洗手器、公共厕所、雨水井等。

（五）管理设施

管理设施是指用以保证城市电力、水力、煤气、供热正常运行及用于消防等的设施。主要的管理设施有消防栓、配电箱、窨井盖等。

（六）商业设施

商业步道除了两侧的商铺外，还需要一些具有特色的辅助服务设施，即商业设施，如自动贩售机和售货亭等。商业设施弥补了商铺种类的不足，提供了不同的购买方式，丰富了人们在步行街上的活动。

（七）游乐设施

游乐设施是指在特定区域内运行、承载人们游乐的载体。街头雕塑、儿童和成人所需的娱乐活动场地、健身设施是必不可少的景观设施。如图 3-20 所示为儿童游乐设施。

图 3-20　儿童游乐设施

（八）照明设施

照明设施既为夜间出行带来便利，也为城市增添光彩。主要的照明设施有路灯、草坪灯、庭院灯、装饰射灯、霓虹灯等。如图 3-21 所示为造型景观灯柱。

图 3-21　造型景观灯柱

（九）无障碍设施

无障碍设施是指为了保障残疾人、老年人、孕妇、儿童等社会成员通行安全和使用便利，在建设工程中配套建设的服务设施。它包括无障碍通道(路)、电(楼)梯、平台、房间、洗手间、席位和盲文标识，以及与通信、信息交流等其他有关的设施。

（十）观赏设施

观赏设施主要指花坛和景观类小品，包括雕塑、喷泉、钟塔、牌坊、门、旗杆等。景观类小品用于户外环境。它既可丰富户外环境，创造舒适的气氛，又可表达文化理念，具有场所感，成为一种标志。如图 3–22 所示为纪念雕塑。

图 3–22 纪念雕塑

第二节 景观设计要素对景观形式的营造

一、景观设计要素对空间的营造

（一）空间

1. 空间的定义

空间是人们为了自身的目的而围合、界定或者使用某个区域或一片土地，利用地形、植物、水和构筑物组成的。空间通常不仅需要满足使用者的社会需求和娱乐需求（如集会、就餐、娱乐等），而且还要满足使用者的审美需求、文化需求、生态需求和环境需求。如果以景观设计为目的，那么空间可由以下三个维度来定义：地面、墙面、天空，如图 3–23 所示。

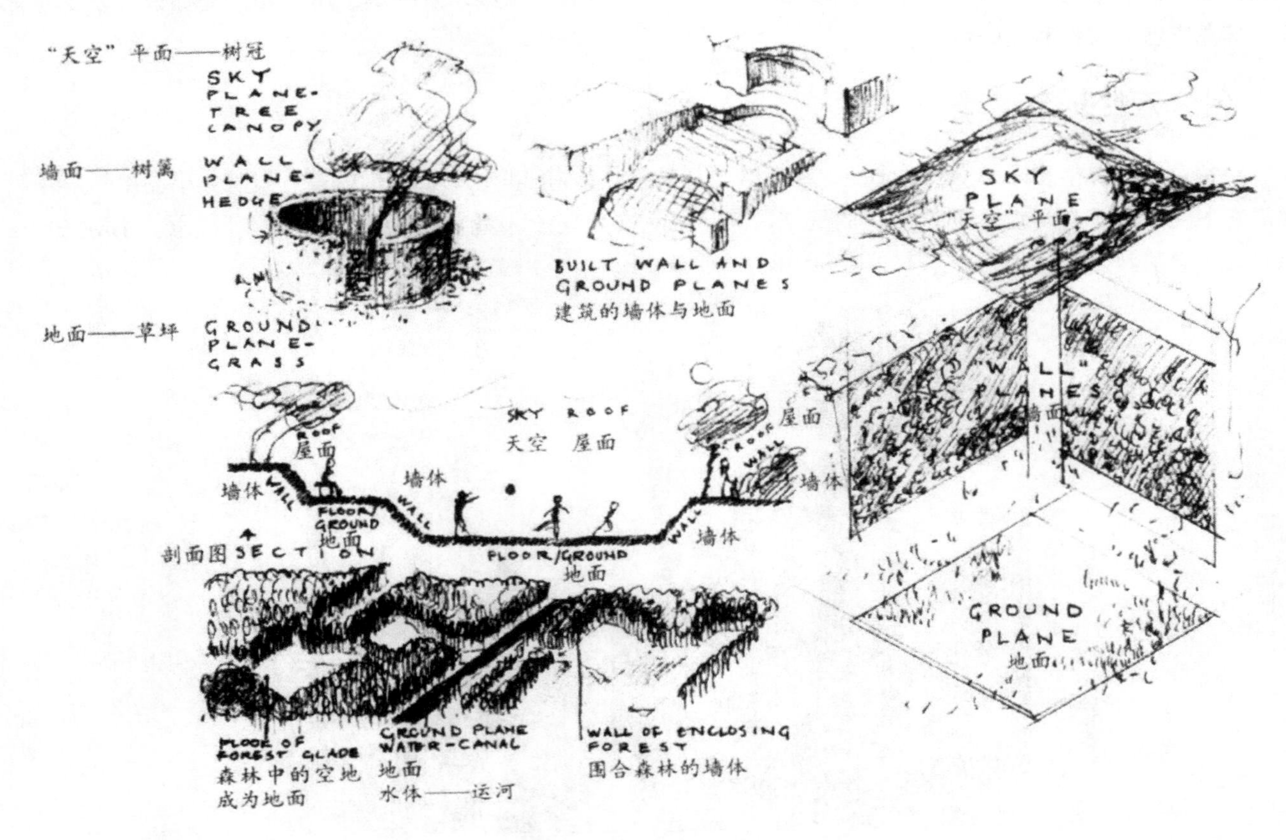

图 3–23　空间的三个维度

2. 空间的常见形式

（1）几何式空间（见图 3–24）。在几何式空间中，几何的运用包括简单的几何形体圆、矩形的运用和二者的混合、叠加运用。

（2）隐喻式空间（见图 3–25）。隐喻式空间指用一种或多种空间形式来代替一个短语或概念的空间。

（3）象征式空间（见图 3–26）和符号式空间（见图 3–27）。象征式空间和符号式空间是指用一种或多种空间形式来表现某种抽象意义或特殊意义的空间。

（4）自然式空间（见图 3–28、图 3–29）。自然式空间是指通过对水体、植物、石头等自然形式和图案进行抽象而产生的空间。

（5）原型式空间（见图 3–30）。原型式空间是指由植物群落原始的粗略构造形成的空间。

（6）地域性空间。地域性空间是指具有当地的特殊空间形式或传统空间形式的空间。

（7）历史范例空间。历史范例空间是效仿历史中或记载中的知名的空间形式所形成的空间。如图 3–31 所示的用当地的石材建造的羊圈就属于历史范例空间。历史范例空间的实际运用如图 3–32 所示。

3. 空间的尺度、比例和围合

空间的尺度、比例和围合如图 3–33 所示。

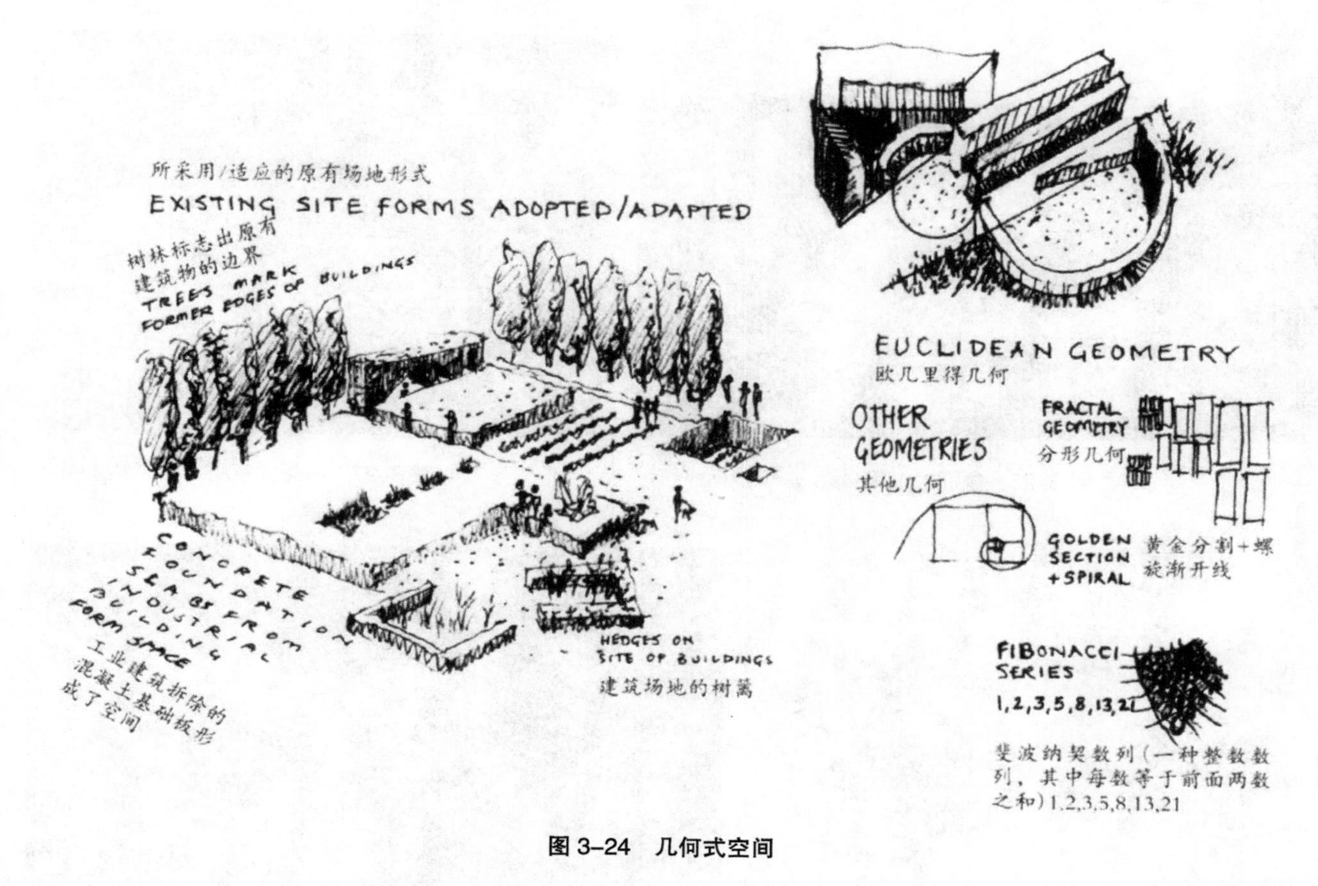

图 3-24　几何式空间

图 3-25　隐喻式空间

图 3-26　象征式空间

图 3-27　符号式空间

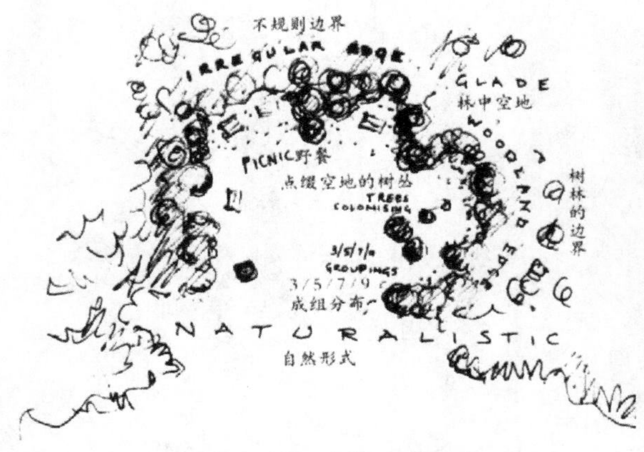

图 3-28　自然式空间一

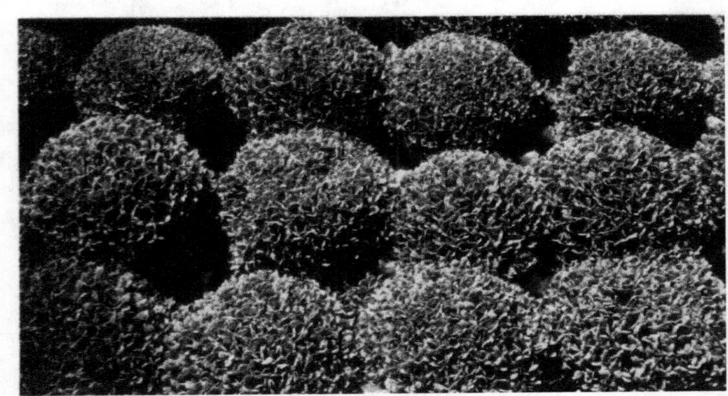

图 3-29　自然式空间二

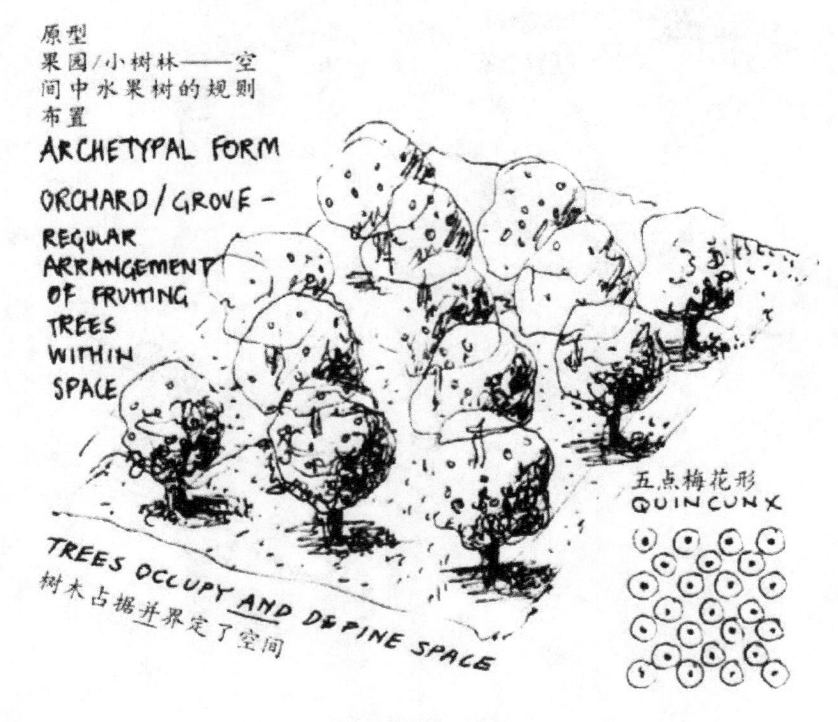

图 3-30　原型式空间

图 3-31　用当地的石材建造的羊圈

图 3-32　历史范例空间的实际运用

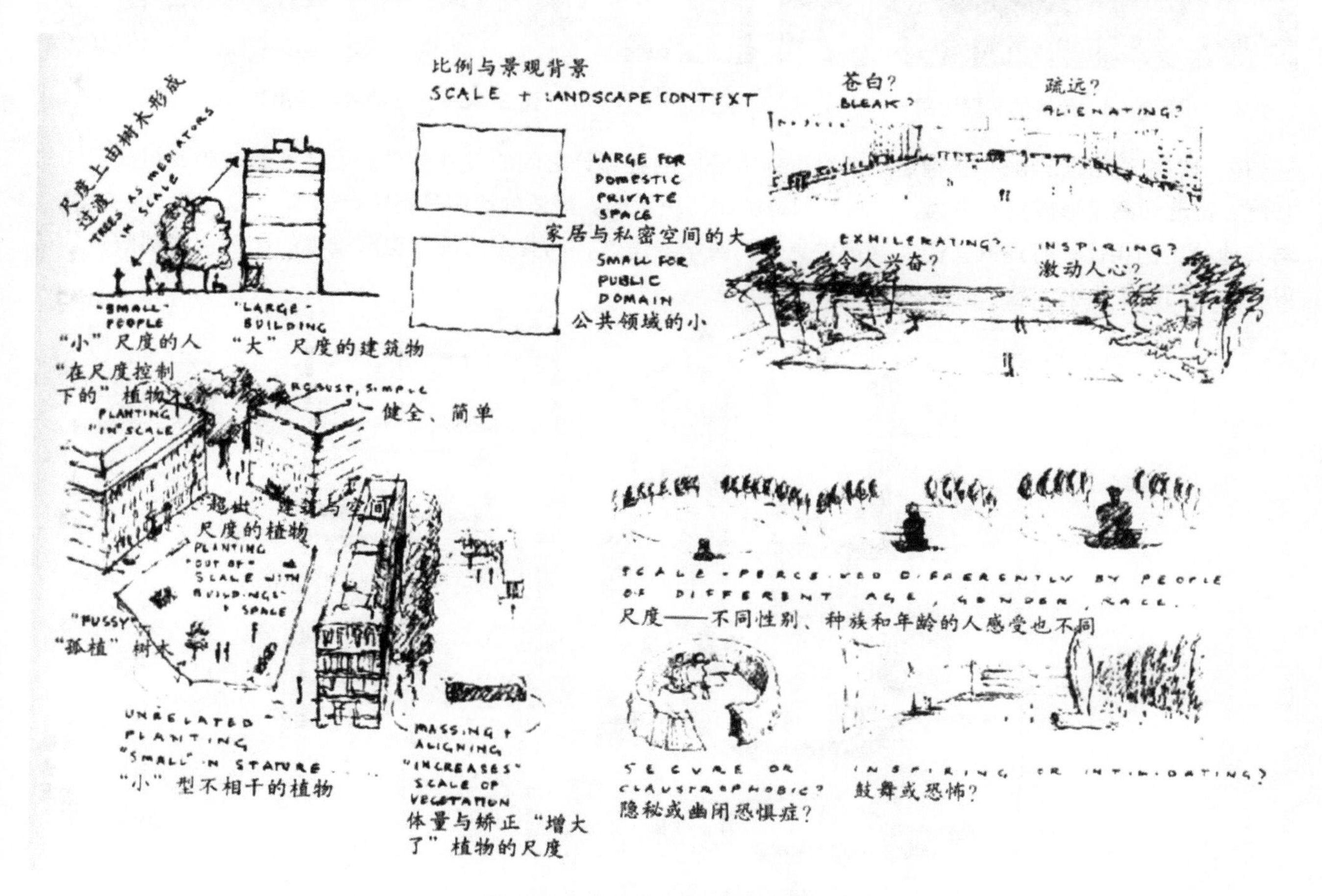

图 3-33　空间的尺度、比例和围合

（1）尺度是指景观中的某一部分与其他部分之间的尺寸的比值。景观与人之间的尺寸的比值，决定了这个空间对于公共活动的尺度的大小。在景观设计中，人是重要的尺度衡量工具。尺度的实际运用如图 3-34、图 3-35 所示。

图 3–34　尺度的实际运用一

图 3–35　尺度的实际运用二

（2）比例（见图 3–36）是指组成三维形体或空间的各部分之间的尺寸关系。设计师通过改变组成空间的长度、宽度和高度形成空间系列，空间系列是由比例决定的。舒适的比例是指特定的长、宽、高之间的比例。与其他的比例相比，舒适的比例能够提供更好的美学舒适性，如黄金比例。理解景观的比例和比例效果的最好方法是到景观中去体验、研究和度量。

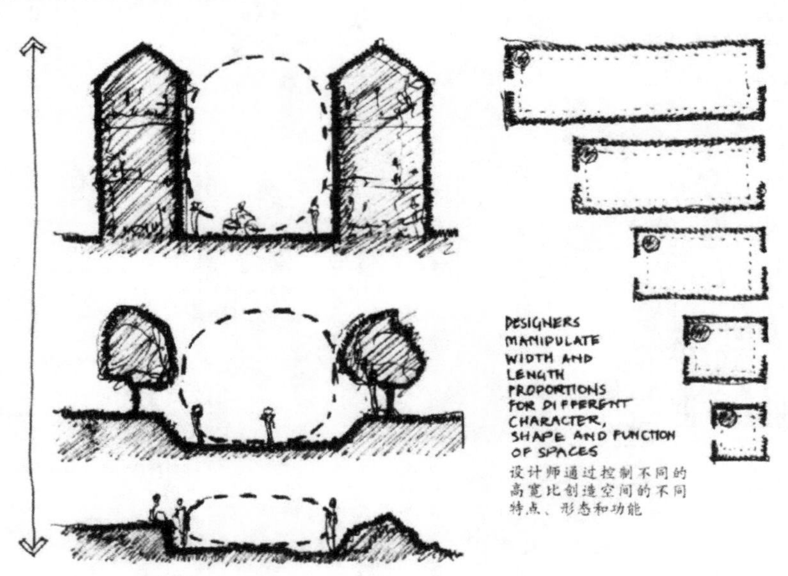

图 3–36　比例

（3）空间的特征和使用者的感受取决于空间围合的程度和通透性。空间围合的不同程度如图 3–37 所示。围合空间的主要作用是定义出空间的特征。空间围合的实际运用如图 3–38、图 3–39 所示。超过人头顶高度的空间围合和不超过人头顶高度的空间围合如图 3–40 所示。

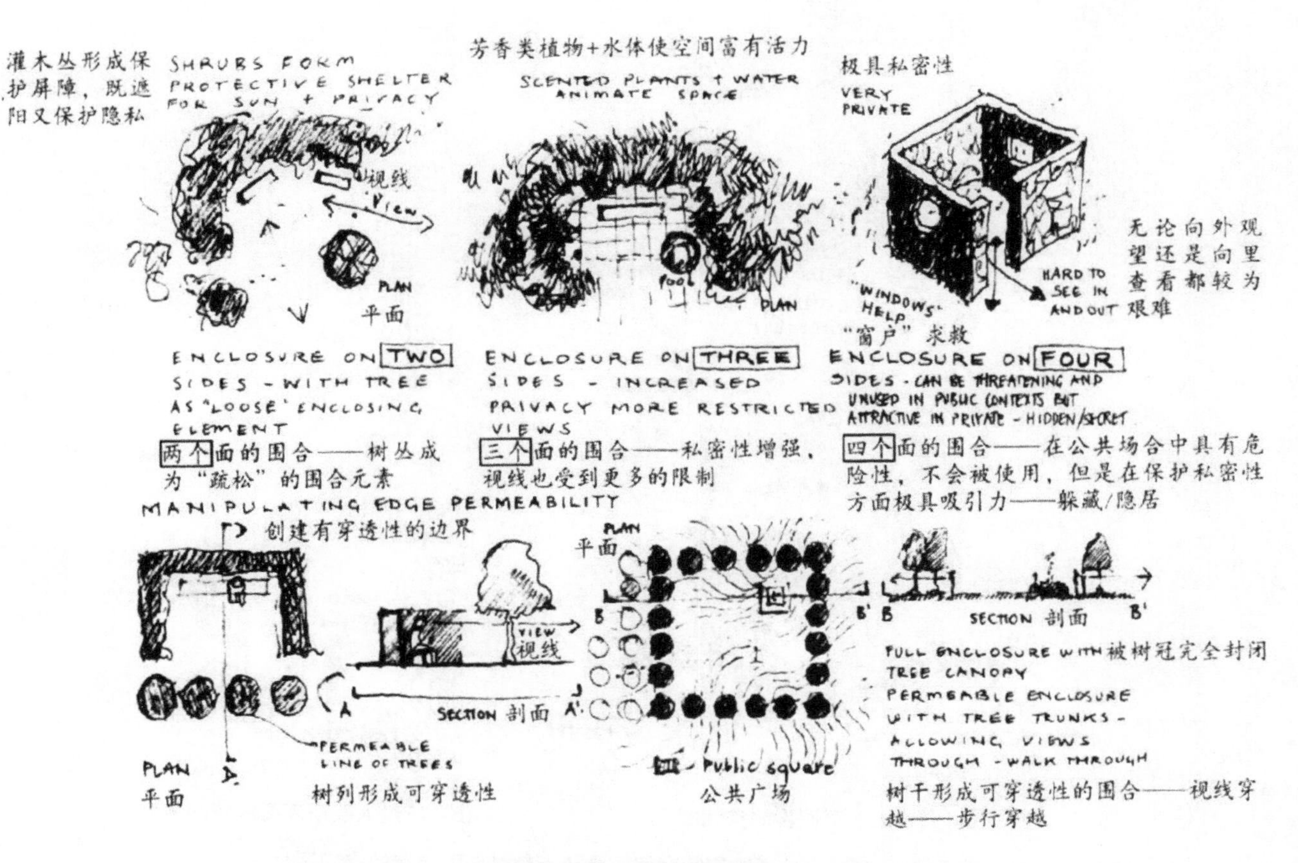

图 3-37 空间围合的不同程度

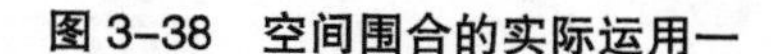

图 3-38 空间围合的实际运用一

图 3-39 空间围合的实际运用二

4. 空间与空间的关系

1）空间的序列性

景观是运动的场所。景观设计不止要关心单一空间的设计，它还要考虑不同的空间如何联系在一起，景观设计师在按照空间的使用和以感受为线索组织空间的时候要注重创造从一个空间到另一个空间的连续感。这就是通常所说的空间的序列性，如图 3-41 所示。

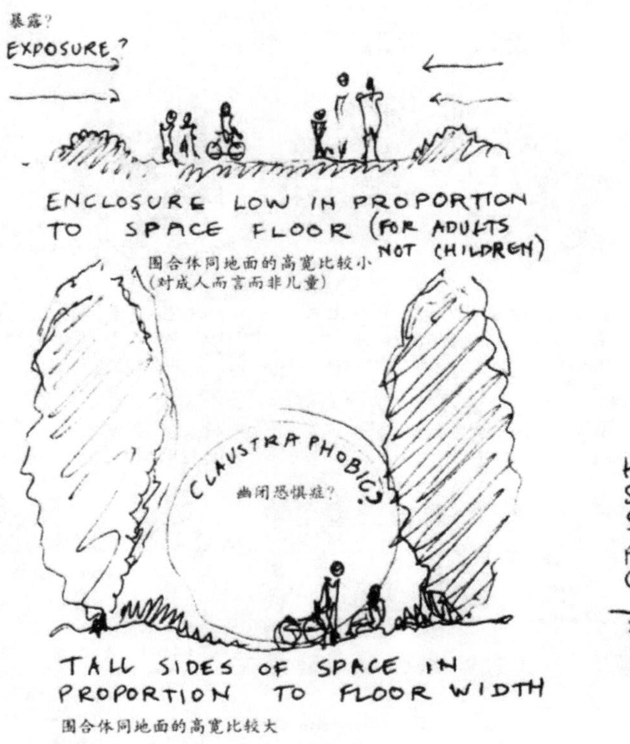

(a) 超过人头顶高度的空间围合

(b) 不过人头顶高度的空间围合

图 3-40　超过人头顶高度的空间围合和不超过头顶高度的空间围合

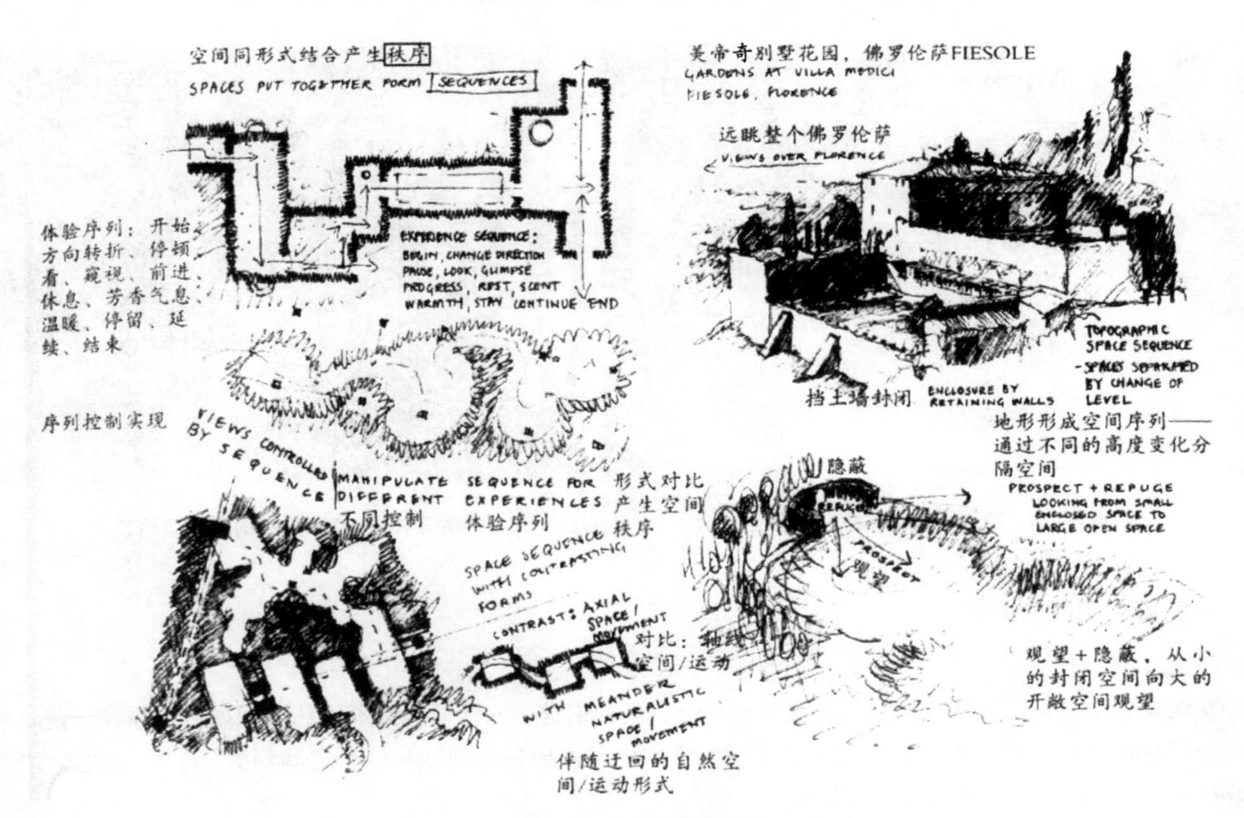

图 3-41　空间的序列性

2）空间的相似性

空间的相似性，即通过空间的形状和尺寸的重复可以获得整体的景观效果，如图 3–42 所示。

3）空间的对比性

空间的对比性，即通过改变空间的形状和尺寸能获得变化多样的空间效果，如图 3–43 所示。

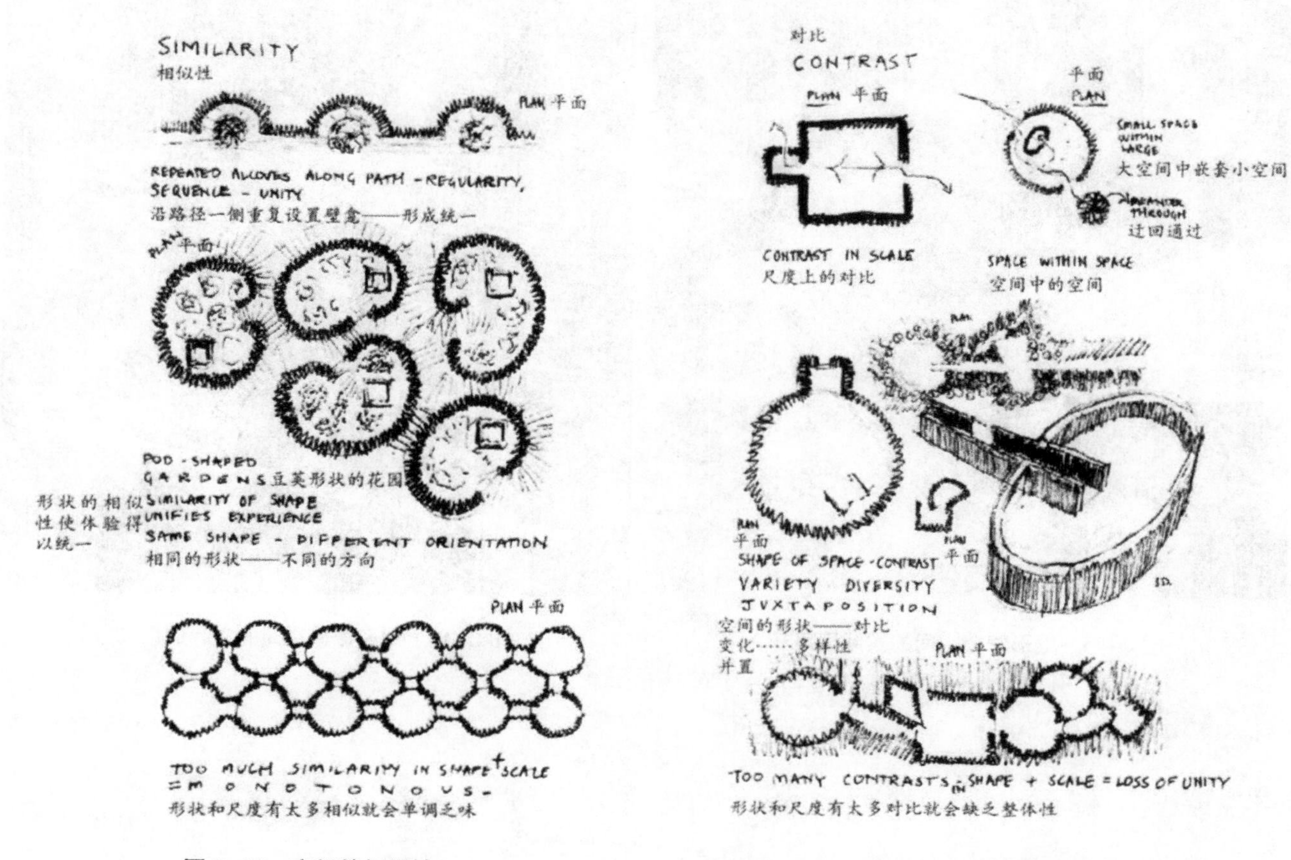

图 3–42　空间的相似性　　　　图 3–43　空间的对比性

（二）地形对空间形式的营造

在景观设计中，为了获得预想中的地形空间，可以减少泥土或增加泥土。减少泥土或增加泥土是改变地形最常用的方法。在对现有地形进行干预和处理的过程中，景观设计师需要找到“挖”与“填”的平衡点，以避免不必要的人力资源的浪费和材料运输成本的增加。地形营造空间的实际运用如图 3–44、图 3–45 所示。

1. 梯形地台

梯形地台的运用如图 3–46 所示。

2. 地下空间

地下空间带给使用者的常见感受是秘密、隐秘、潮湿、黑暗和华丽等，这些感受导致景观中的地下空间对于使用者来说具有畏惧和吸引的两重性，造成地下空间具有许多设计的潜质。例如，可以对地下空间进行光线营造、回声效果设计、水景设计等，甚至可以将地下空间设计成具有精神意义和宗教意义的场所。地下空间的运用如图 3–47 所示。

图 3–44　地形营造空间的实际运用一

图 3–45　地形营造空间的实际运用二

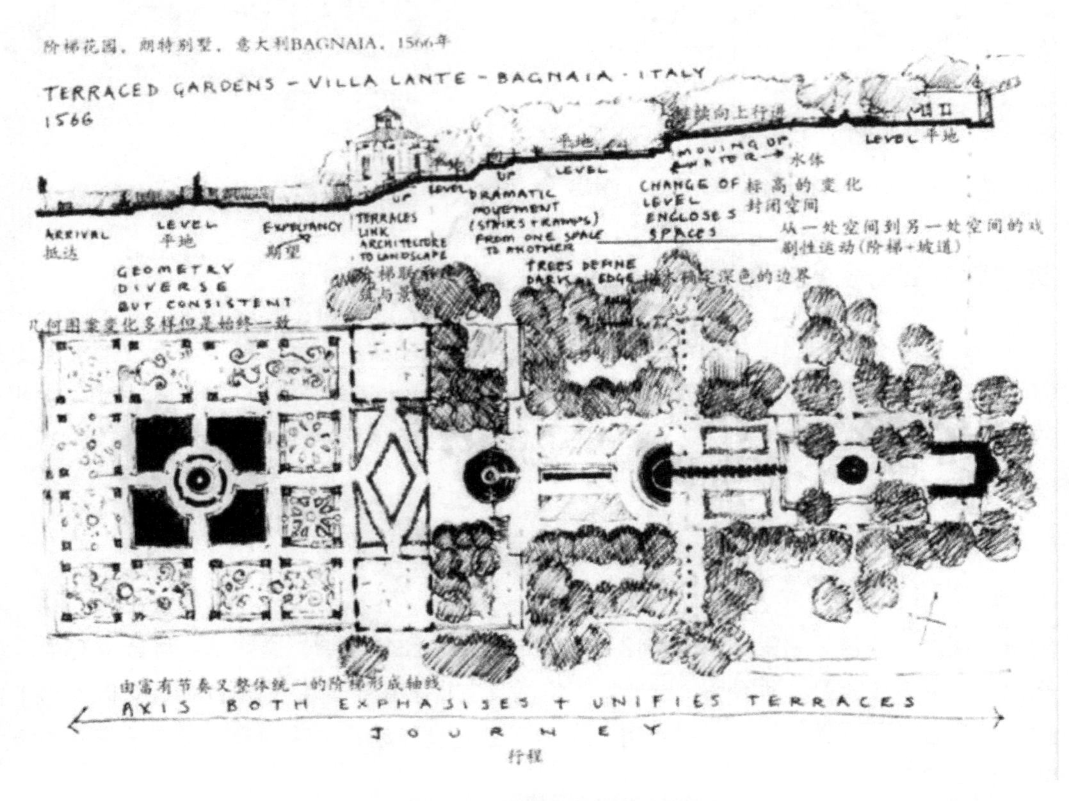

图 3–46　梯形地台的运用

图 3-47　地下空间的运用

3. 高地

高地是吸引人的景观空间形式之一，例如山和土丘。高地是开展偶然性活动和举行仪式的场所。高地由于地形的升高而往往容易成为使用者进行行为的场所。处于抬高的位置使使用者感到愉悦和安全，景观设计师可以利用高地创造有特色的焦点空间。

（三）植物元素对空间形式的营造

景观设计中，植物是界定空间的基本的媒介。植物的装饰性作用使植物经常扮演着辅助性的角色。在地面、墙面或天空中，植物可以提供围合，而且能够以无限多样的方式提供围合。

1. 林中空地

林中空地，作为一种空间类型，具有多姿多彩的外形：从自然形到规则的几何形，从巨大的到小而舒适的。林中空地的实际运用如图 3-48、图 3-49 所示。

图 3-48　林中空地的实际运用一

图 3-49　林中空地的实际运用二

2. 森林空间与规则的树林

森林空间是一个混合体和隐藏的空间。森林空间是结构的混合体，它带来的视觉效果非常丰富。规则的树林在设计中的运用已经有很长的历史，营造树林空间的形式也有很多种。例如，将树木排列成网格状、梅花点状或者其他规则的形状等。

3. 稀树草地

稀树草地是将单株树或树丛分散布置在大的、开敞的草地空间而形成的，通常具有比较自然的形式与缓坡地形。稀树草地的实际运用如图 3–50、图 3–51 所示。

图 3–50　稀树草地的实际运用一

图 3–51　稀树草地的实际运用二

4. 树篱和草本植物的围合

树篱是相对密实的空间围合要素，树篱的质感或是粗糙的、棘手的，或是光滑的。黑暗的树篱、斑驳的树篱和明亮的树篱均可以形成非常具有特征性的边界。树篱和草本植物的围合如图 3–52、图 3–53 所示。

图 3–52　树篱和草本植物的围合一

图 3–53　树篱和草本植物的围合二

5. 植物地毯和植物顶棚

植物地毯是指运用植物组成的地面的空间，通常是色块或具有纹样，如图 3–54 所示。植物顶棚是指由高大植物形成的上层空间，如图 3–55 所示。

(四) 水体对空间形式的营造

水是景观中的基本元素，“水空间”是指水占主导地位的空间，或者是指由位于封闭地形中的水体形成

图 3-54 植物地毯

图 3-55 植物顶棚

的空间。

1. 湖与水景

内陆中的大水体，如湖泊（见图 3-56、图 3-57），与陆地形成鲜明对比。它能够倒映出天空与云彩，产生动静相合的景观感受。

图 3-56 湖泊一

图 3-57 湖泊二

2. 池和塘

与湖泊相比，池（见图 3-58）和塘（见图 3-59）是作为小尺度的水体来定义的。池和塘为人们提供休闲

图 3-58 池

图 3-59 塘

空间，为生物提供栖息地。池和塘具有空间性的景观感受。池和塘具有鲜明的特征，可以用来营造宁静与运动、平静与飞溅等视觉效果。在景观设计中，应尽量加强水与人之间的联系，尽可能地使人能够与水接触，并需要考虑为野生动物提供栖息地。

3. 水幕墙与喷泉

在城市景观中，水可以以瀑布的方式围合空间，如水幕墙（见图 3–60）和喷泉（见图 3–61）。现代人工水景中最常见的设计形式是叠水。喷泉中的水分层连续流出，或呈台阶状流出称为叠水。由于台阶有高有低，层次有多有少，构筑物的形式有规则式、自然式及其他形式，所以产生了形式不同、水量不同、水声各异的丰富多彩的叠水。

图 3–60　水幕墙

图 3–61　喷泉

二、 景观设计要素对界限的营造

（一）界限

1. 界限的定义

界限是指景观中两个空间的分界。这两个空间具有不同的功能和物质特征。界限连接两个空间的边缘地带，属于一种过渡性空间。作为有厚度的“墙”平面，它能够围合和分隔空间。界限位于空间的尽头处或空间的边界。界限的实际运用如图 3–62~ 图 3–65 所示。

图 3–62　界限的实际运用一

图 3–63　界限的实际运用二

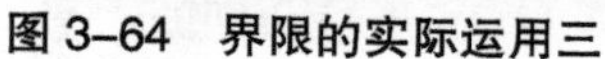

图 3-64　界限的实际运用三

图 3-65　界限的实际运用四

从使用者对界限的使用和感受来说，界限既是实体，又是空间。例如：地平线是地面与天空之间的视觉界限或象征性的界限；在公共空间的人们宁愿在场所某一界限上休息、等待，或占据场所的近界，也不愿使自己处于中央。一般，可将建筑作为景观区域的界限，在这种空间中，使景观进入建筑室内或者将建筑的构件延伸到景观中，都常用将建筑作为景观区域的界限这一方法，如图 3-66、图 3-67 所示。

图 3-66　界限的实际运用五

图 3-67　界限的实际运用六

2. 界限的常见形式

（1）粗糙和平滑的界限及两者的并置，如图 3-68~ 图 3-70 所示。

（2）粗糙的界限。粗糙的界限是多样的，能围合出一些灰空间。

（3）平滑的界限。平滑的界限简洁，具有持续性。

（4）联结的界限。粗糙的界限能够在两个空间之间形成强有力的联结，这时，粗糙的界限又称为联结的界限。粗糙的界限所形成的联结是通过两个空间以物质形式和互相介入对方的空间特征来获得的。

（5）障碍。障碍有连贯的障碍和不连贯的障碍之分。

（6）梯度。梯度是通过形式、质感、材料和植物在水平面上逐渐过渡形成的。梯度的实际运用如图3-71 所示。

（7）韵律、序列和重复。通过质感、形式和色彩的重复使用，沿着界限的伸展方向可以形成韵律和序列，给界限的多样性和整体性创造有利条件。韵律、序列和重复的实际运用如图 3-72、图 3-73 所示。

（8）界限上的次生空间：联结的界限和粗糙的界限的重要特征是以自身的形式创造“次生空间”。界限上

图 3-68　粗糙和平滑的界限一

图 3-69　粗糙和平滑的界限二

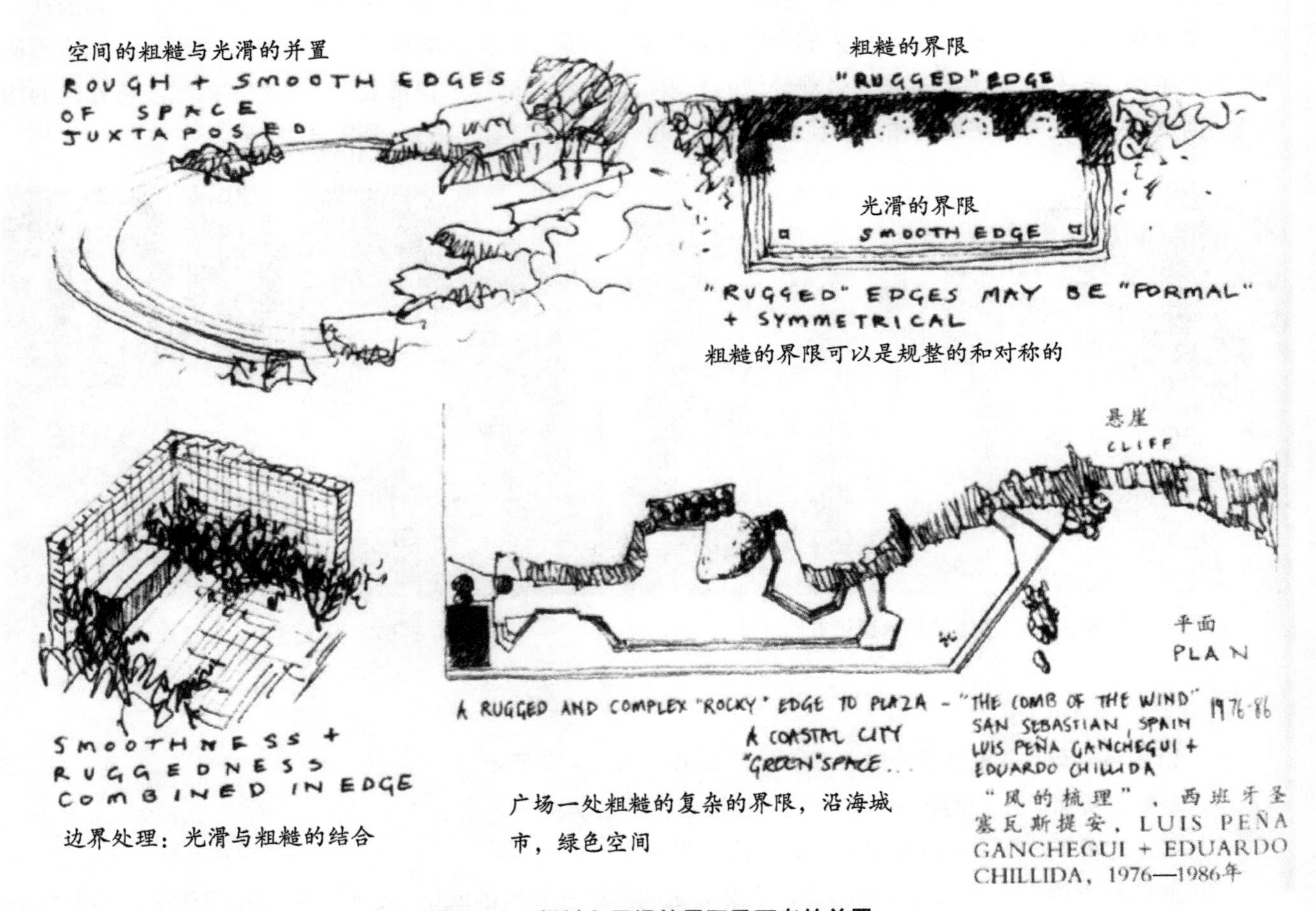

图 3-70　粗糙和平滑的界限及两者的并置

的次生空间是小尺度的、亲密的。在公共空间中，界限上的次生空间允许小组人群分别进行不同的社会活动。界限上的次生空间如图 3-74 所示。

3. 界限的关系

空间常常由界限来界定，景观设计师经常面临如何以物质形式标识公共空间、半私密空间和私密空间的

图 3-71　梯度的实际运用

图 3-72　韵律、序列和重复的实际运用一

图 3-73　韵律、序列和重复的实际运用二

分界这一问题，同时景观设计师还要考虑界限在美学上的重要性，即功能和形式并重。私密空间和半私密空间的界限如图 3-75、图 3-76 所示。公共空间、私密空间和半私密空间的界限如图 3-77 所示。

（二）地形对界限形式的营造

1. 锯齿状界限

形成锯齿状界限（见图 3-78）的两个空间的交界像锯齿一样互相咬合。在较低的一侧，锯齿状界限能创

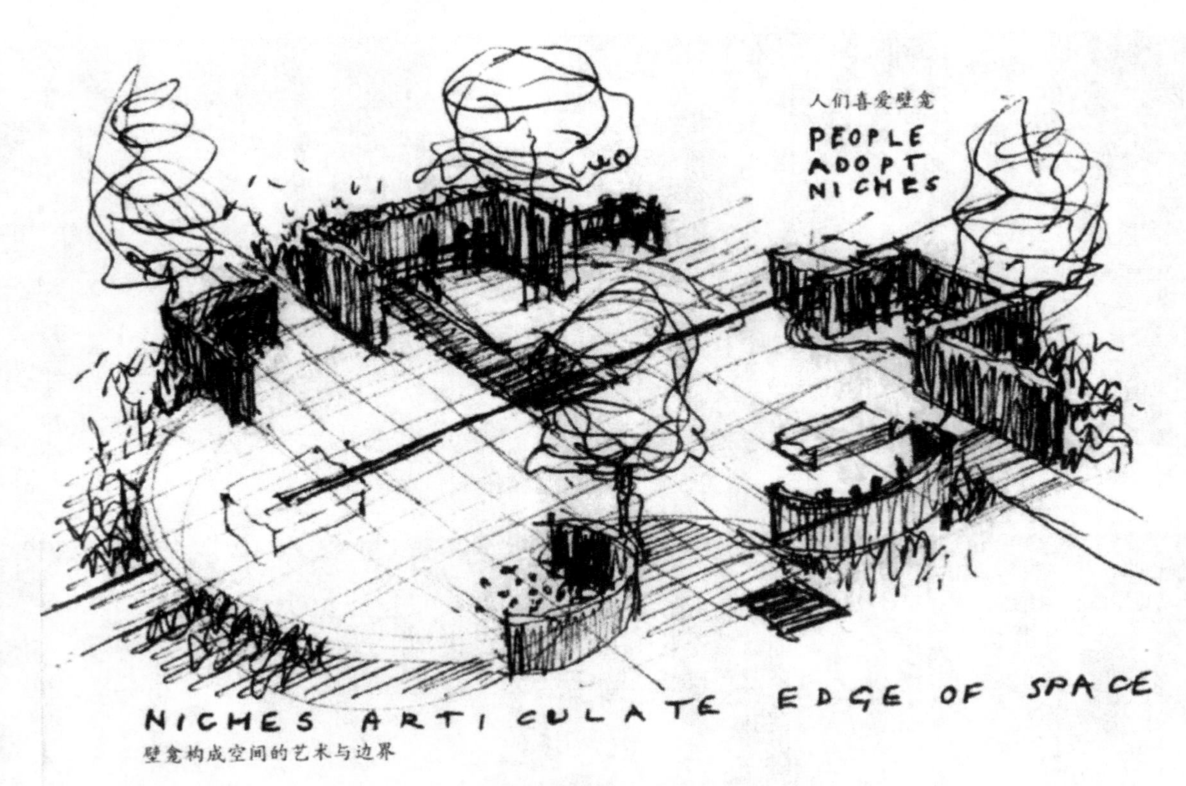

图 3-74　界限上的次生空间

图 3-75　私密空间和半私密空间的界限一

图 3-76　私密空间和半私密空间的界限二

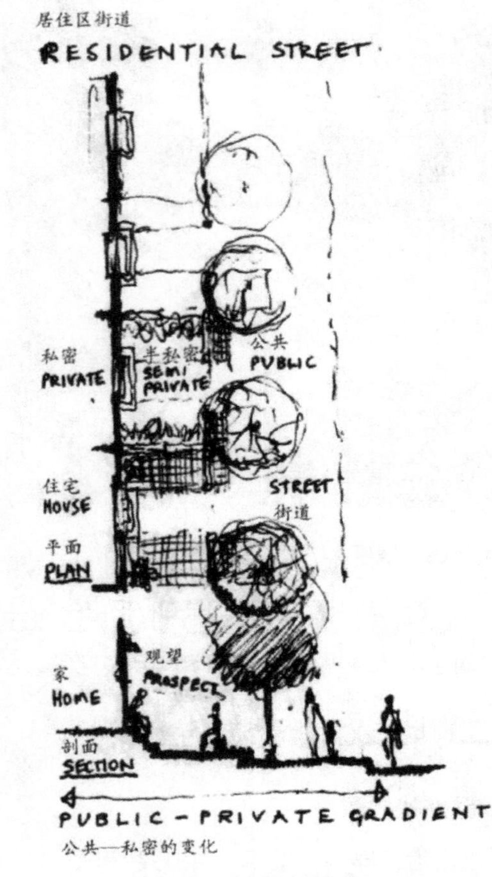

图 3-77　公共空间、私密空间和半私密空间的界限

造出许多亲切的小空间，较高的一侧可供人们休息和观望。锯齿状界限可以自然式的，也可以是几何式的，或者是二者的结合形式的。锯齿状界限的实际运用如图 3-79 所示。

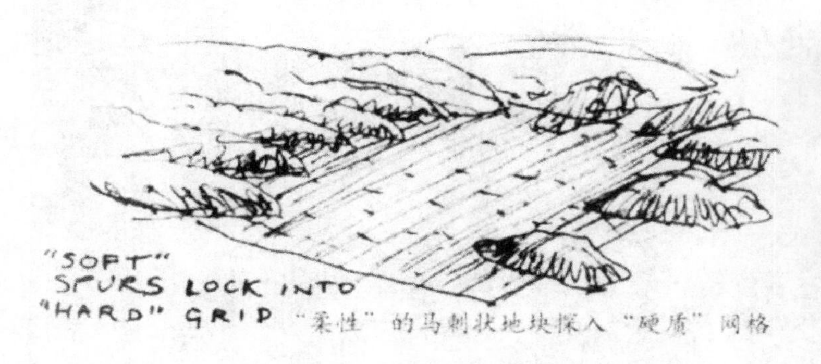

图 3-78　锯齿状界限

图 3-79　锯齿状界限的实际运用

2. 堆垛状界限

形式相似的块状物以不同的方式高低不平地堆积在一起形成的界限称为堆垛状界限。它具有将水和植物结合在一起的能力。堆垛状界限为休息、攀登和儿童探险提供了多样的形式。堆垛状界限的实际运用如图 3-80、图 3-81 所示。

图 3-80　堆垛状界限的实际运用一

图 3-81　堆垛状界限的实际运用二

3. 堤、脊、沟

堤、脊、沟是模仿自然界的河堤、山脊和水沟等塑造的界限。如图 3-82 所示为沟的实际运用。

4. 作为界限的步级

宽大的步级能围绕场所形成围合空间。这些步级经常成为供人们休息的空间。由步级围合的空间促使人们相互接近与沟通。如图 3-83、图 3-84 所示为作为界限的步级的实际运用。

5. 峭壁与断层

峭壁与断层是障碍物，容易导致人们疏远和迷失方向。峭壁和断层既可以作为剧场的座位，又可以作为电影和数字灯光的屏幕，还可以作为举行滚球游戏和攀岩活动的场所。如图 3-85、图 3-86 所示为峭壁与断层的实际运用。

图 3-82　沟的实际运用

图 3-83　作为界限的步级的实际运用一

图 3-84　作为界限的步级的实际运用二

图 3-85　峭壁与断层的实际运用一

图 3-86　峭壁与断层的实际运用二

（三）植物元素对界限形式的营造

在自然环境中，植物、土壤、气候和地形结合构成独特的土地的类型、形态，以及动植物的栖息地。群落交错区有丰富的生态性，并呈现出丰富的视觉形象。

1. “软”界限

植物形成“软”界限，在联结的界限和过渡的界限中，植物扮演着重要的多种角色。“软”界限的实际运用如图 3-87、图 3-88 所示。

图 3-87 “软”界限的实际运用一

图 3-88 “软”界限的实际运用二

2. 树林界限

树林界限（见图 3-89）是从高的乔木到低的草本植物过渡的梯度式的场所。由于植物的向阳性和竞争，植物种类的这种变化形成群落交错区。树林界限作为空间，不仅为植物和动物提供栖息地，而且还是景观中视觉丰富多彩的地方。树林界限的实际运用如图 3-90 所示。

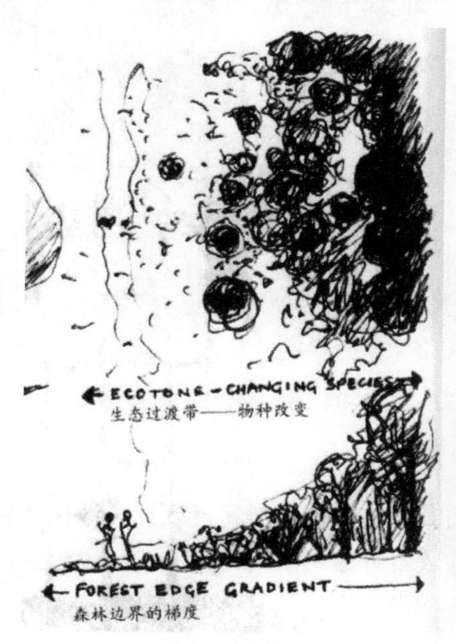

图 3-89 树林界限

图 3-90 树林界限的实际运用

3. 作为空间的林荫路

作为空间的林荫路，能够成为停留、饮食、休息、停车、买卖或观看机动车和行人的场所。树冠能够围合与界定出地面空间，特别是在热带地区。位于温带地区的林荫路能成为阴暗的、潮湿的和虚线式的界限。作为空间的林荫路的实际运用如图 3–91、图 3–92 所示。

图 3–91　作为空间的林荫路的实际运用一

图 3–92　作为空间的林荫路的实际运用二

4. 绿篱界限和灌木界限

锯齿状或凹凸状的规则式绿篱界限能够用于休息、庇护。绿篱界限的实际运用如图 3–93 所示。灌木可以形成充满植物芬芳、色彩和质感的，供人休息的界限。灌木界限的实际运用如图 3–94 所示。

图 3–93　绿篱界限的实际运用

图 3–94　灌木界限的实际运用

5. 牧草界限

在不允许人走动的区域可以设置牧草界限。简洁光滑的草地配合铺地空间，以其质地、色彩和季节性变化呈现出动态的视觉形象。在草地和矮树或灌木界限之间，牧草界限可以成为梯度式的过渡空间。牧草界限的实际运用如图 3–95 所示。

（四）水元素对界限形式的营造

水陆交界的地方是重要的界限，它具有多样的感性应用，是景观设计师在景观设计中可运用的素材。

1. 沙滩

沙滩是重要的休闲地带。沙滩的实际运用如图 3-96 所示。

图 3-95　牧草界限的实际运用

图 3-96　沙滩的实际运用

2. 平台

在木板路和突堤码头，为满足人们接近和沿着水界限行走或跨越水体的需求，需要设计平台。平台的实际运用如图 3-97、图 3-98 所示。

图 3-97　平台的实际运用一

图 3-98　平台的实际运用二

3. 滨海步行道

滨海步行道既是水边的路径，又是界限。滨海步行道是长且宽阔的界限，能够提供步行、休闲、娱乐、交谈、轮滑、锻炼、欣赏大海、观望沙滩等各种活动。滨海步行道的设计在很大程度上会受到当地气候的影响。

4. 湿地和滨水区

湖边和河边的湿地和滨水区是野生植物和动物的重要栖息地。由于湿地和滨水区的这个特征以及介于水陆之间的视觉特征，湿地和滨水区经常成为休闲空间。由于参观者的接近，自然的湿地和滨水区需要细心管理。湿地和滨水区的实际运用如图 3-99、图 3-100 所示。

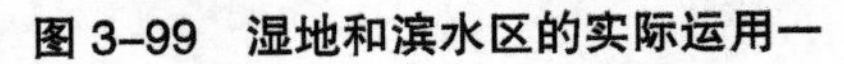

图 3-99 湿地和滨水区的实际运用一

图 3-100 湿地和滨水区的实际运用二

三、景观设计要素对道路和路线的营造

(一) 道路和路线

1. 道路和路线的定义

1）道路的定义

景观空间中，车辆、行人和动物通行的平面空间称为道路。道路的作用在于使车辆、行人和动物能够在场所内外和场所之间便利地通行。

2）路线的定义

路线是指景观空间中的游览途径。它是景观中环形网络的连接形式。

2. 道路和路线的关系

在景观中，与空间一样，道路和路线是景观设计中的基本结构要素，它们在景观的使用和感受方面扮演着重要角色。它们不仅是交通空间，而且还是休闲空间。景观设计师一定要考虑不同的游览方式、不同的使用者以及道路和路线通常所具有的含义，从而减少它们之间的冲突。在许多城市景观中，景观设计师一定要解决机动车与行人之间的冲突。道路使用强度和使用频率极大地影响道路的宽度、所用形式和所用材料。

道路的系统和分级如图 3-101 所示。

道路设计不仅要考虑单个的、独立的道路设计，而且还要考虑道路的系统或网络。道路会有不同的功能和目的：有些道路必须便于穿越；有些道路则在景观中用于游览。路线使用者穿越不同景观更注重景观中时间与空间的关系。在景观中，使用者感受的转变、视线的转折、声音、香味、冷热、光亮及阴影等一层层地叠加在游览感受过程中。

3. 道路和路线的常见形式

1）轴线道路和曲线形道路

轴线道路和曲线形道路兼有功能与美学意义。轴线道路和曲线形道路具有不同的功能与特征，并且它们

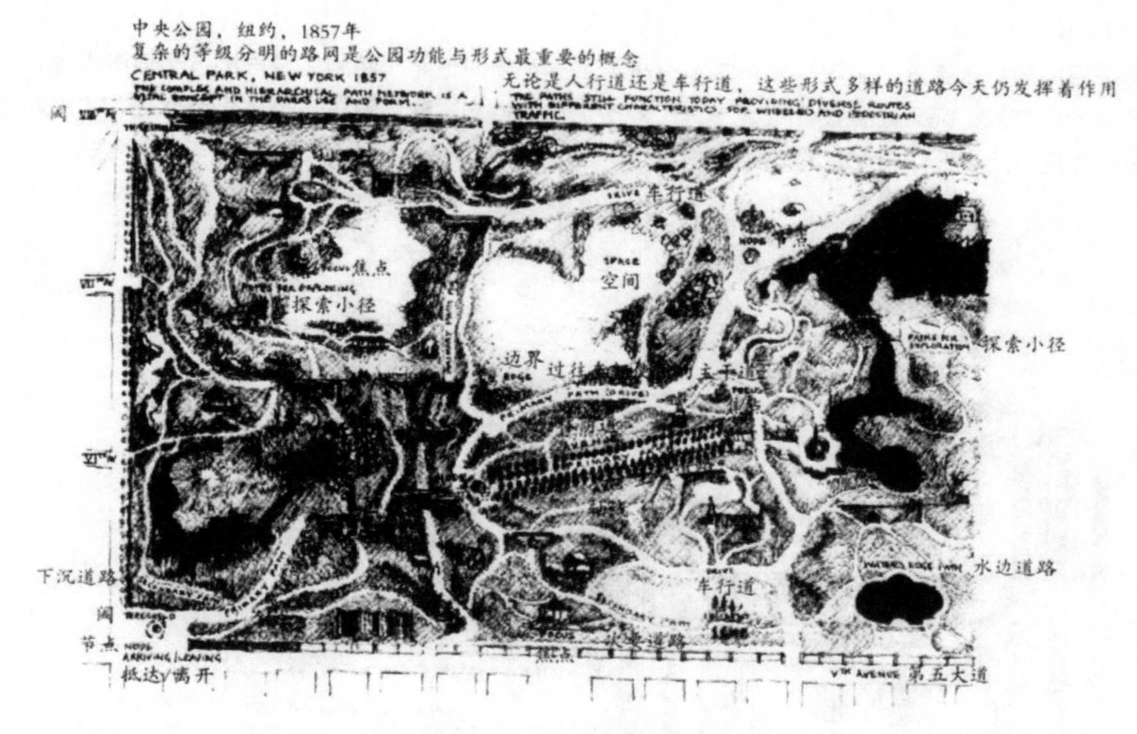

图 3-101　道路的系统和分级

提供了各具特色的感受。

2）围合的道路

道路两旁的植物形成墙式的围合或天面式的围合。围合的程度是设计时需要考虑的重要因素。围合会使步行道更舒适、安全。围合的道路如图 3-102 所示。

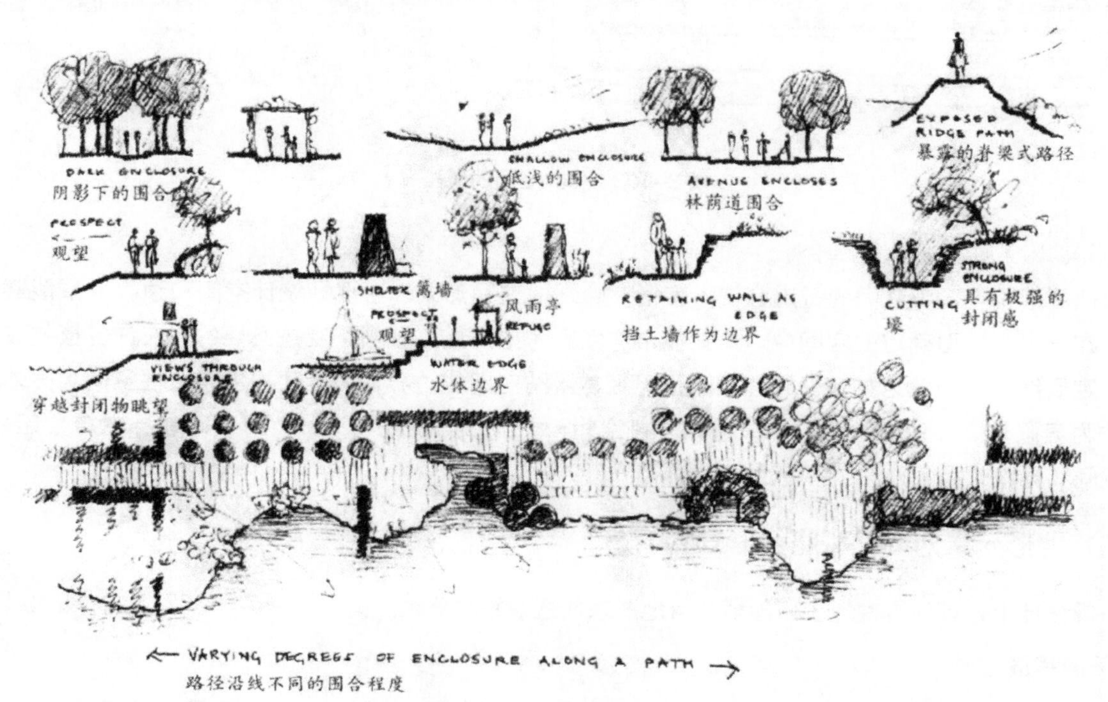

图 3-102　围合的道路

3）作为空间的道路

道路与空间的结合造就了景观的复杂性和有机形态。宽阔的道路，特别是城市街道和滨海大道，其空间不仅用作运动的空间，而且还被设计成能够满足静态活动的空间。许多城市街道也是供休息、买卖和演出的空间。长的线形空间能设计成兼有道路功能与空间功能的空间。作为空间的道路如图 3–103 所示。

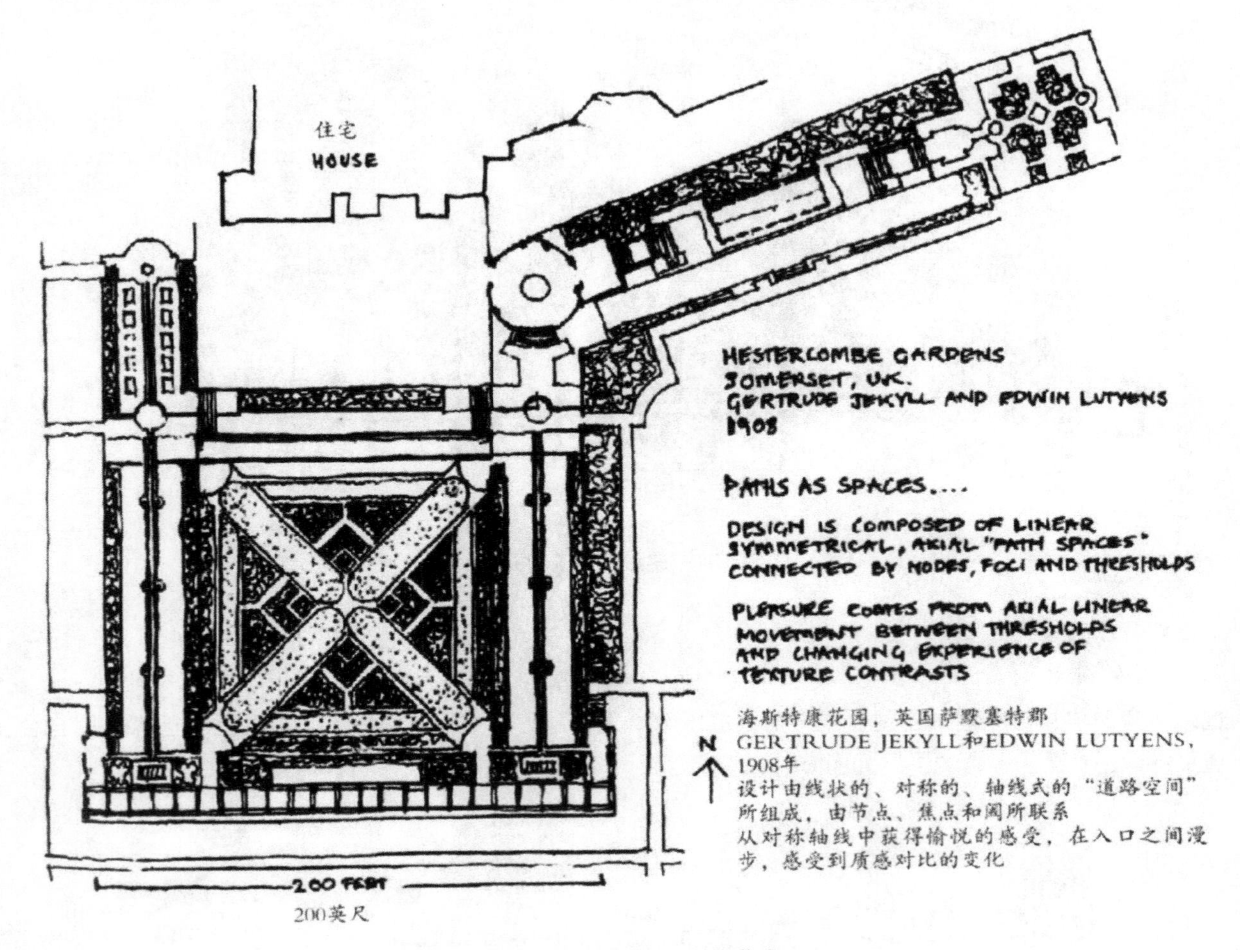

图 3–103　作为空间的道路

4）道路、空间和界限的组合

在相似的地带中，长时间的行走会使人疲倦。合理的道路形式、合理地设计空间和边界关系能避免单调的效果。在一个由界面确定的空间中，比如城市广场，考虑用道路分割景观是必要的。在许多植物或草地景观中，一定要结合空间考虑如何安排道路。道路经常紧贴空间的边界，为活动提供开放性空间。另外，道路也通常作为界限来定义空间，比如中央道路会将空间一分为二。景观设计师要将道路和界限结合起来考虑。道路、空间和界限的组合如图 3–104 所示。

（二）地形元素对道路和路线形式的营造

在景观设计中，可创造性地、巧妙地利用地形来创造道路和路线。

1. 干预程度

对于地形空间设计，景观设计师要决定在路线设计中在多大程度上改变地形，如图 3–105 所示。

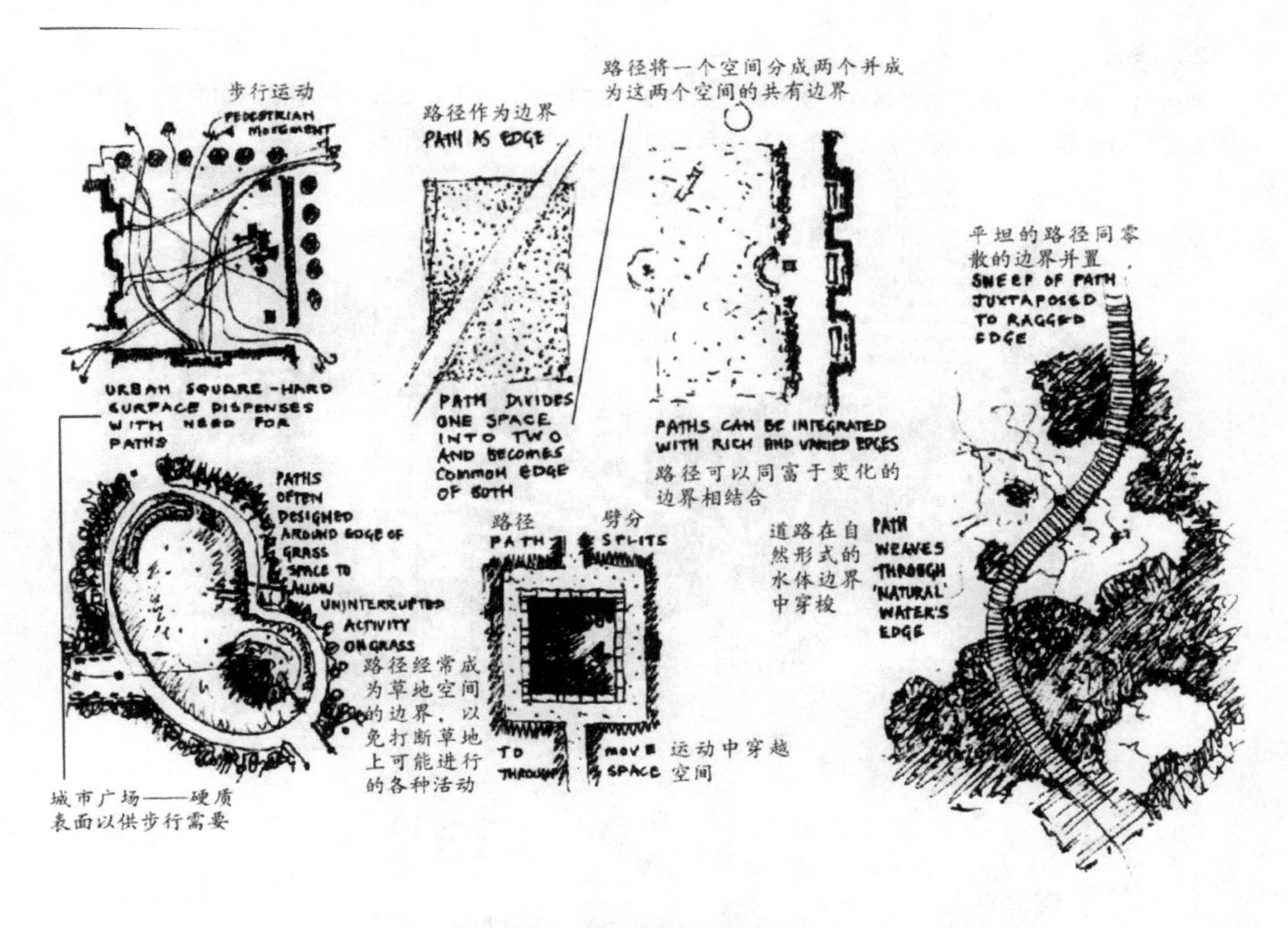

图 3–104　道路、空间和界限的组合

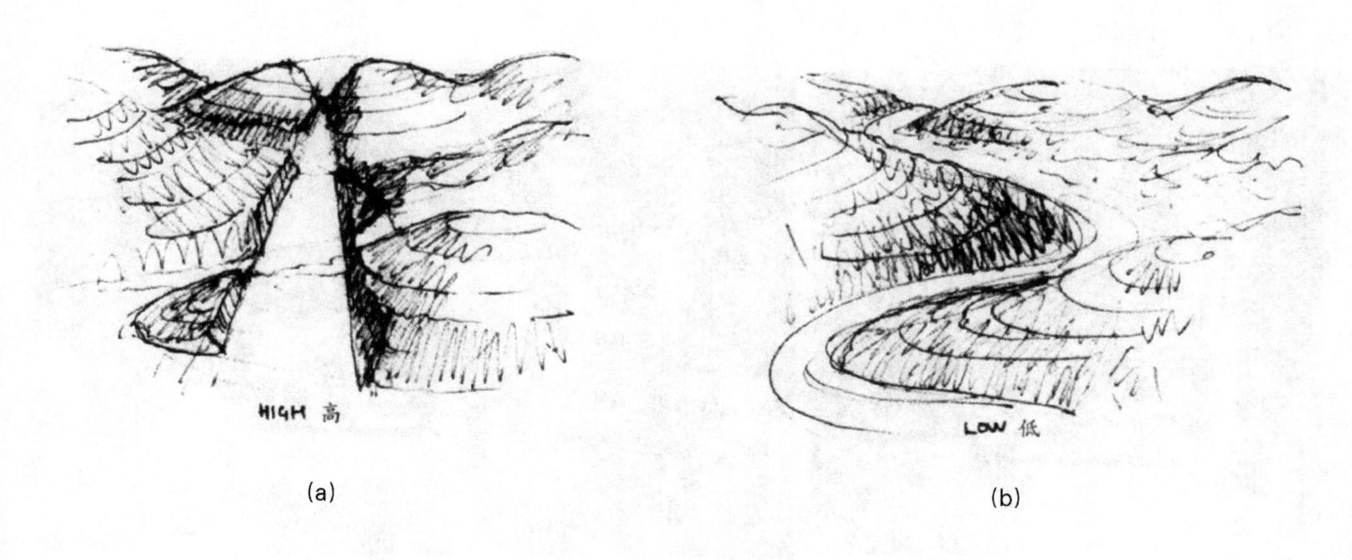

(a)　(b)

图 3–105　路线设计中地形的干预程度

2. 切割路

两边用土或挡土墙围合的道路称为切割路，如图 3-106 所示。对于象征式空间和微气候而言，切割路能够提供非常有特点的空间感受。切割路的实际运用如图 3-107、图 3-108 所示。

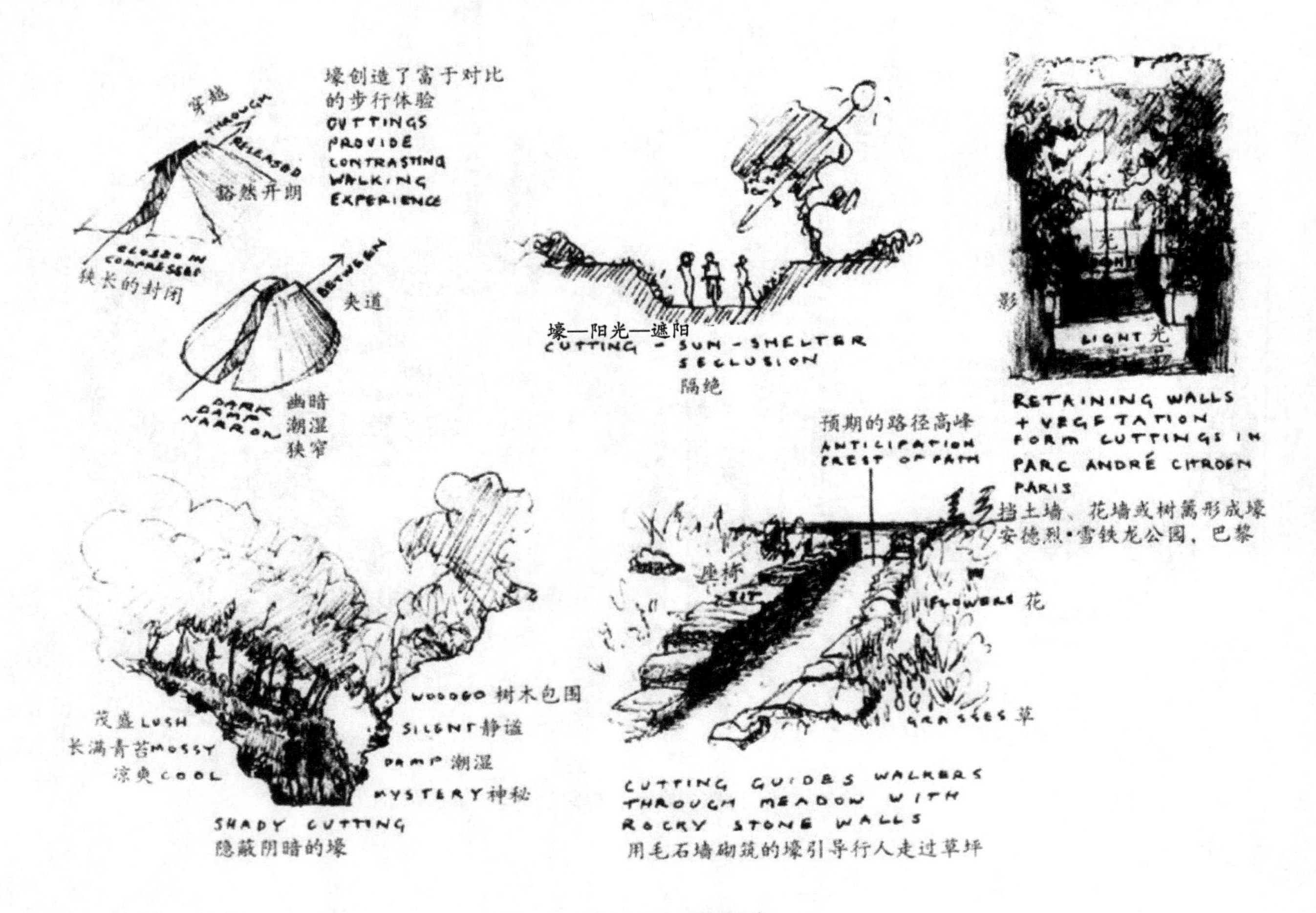

图 3-106 切割路

图 3-107 切割路的实际运用一

图 3-108 切割路的实际运用二

3. 栈道式道路

栈道式道路是一边围合而另一边开敞的道路，如图 3–109 所示。它能够提供具有吸引力的景观感受。栈道式道路经常用在海边、河边、湖边和水渠边等处，使步行者能够看到水景或钓鱼。具有护栏的栈道式人行道能够避免车辆干扰而提供保护。

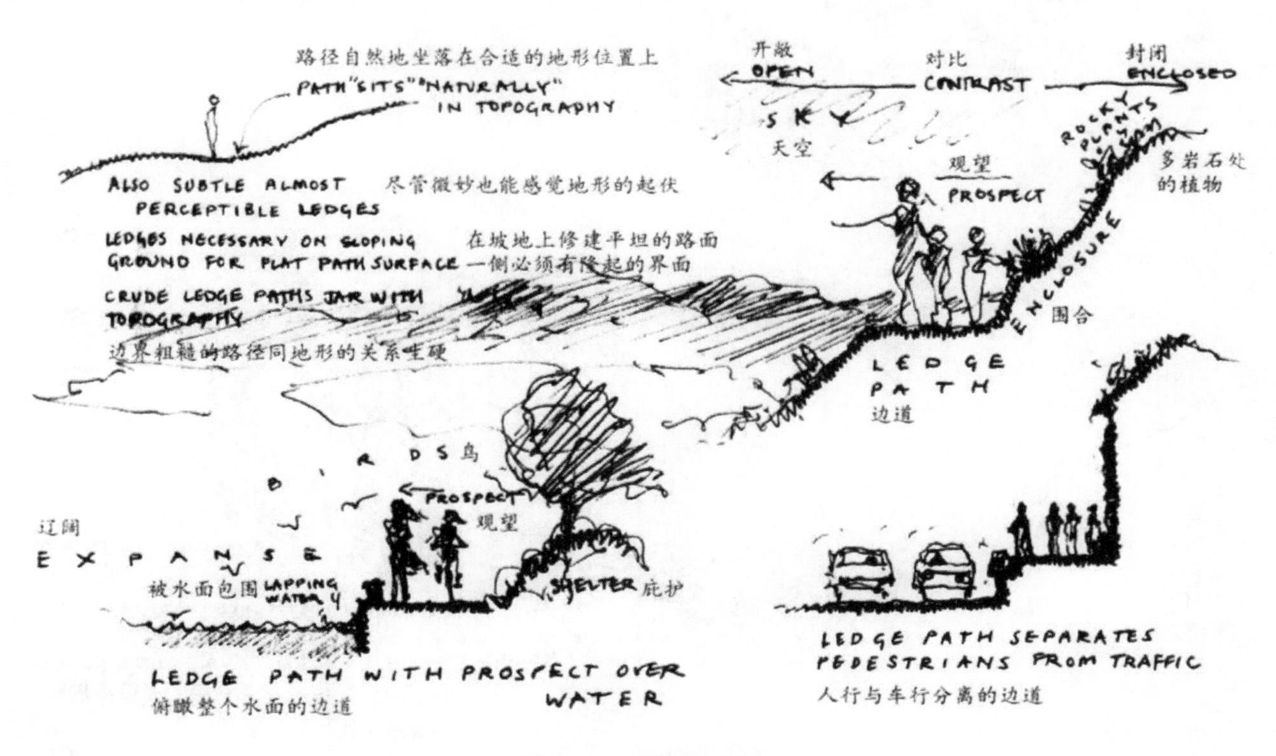

图 3–109 栈道式道路

4. 垄式路

道路两边都高出周围底边的道路称为垄式路，如图 3–110 所示。垄式路的优点在于它能提供全方位的视野。垄式路允许人们直接接触并暴露在风中和天空下。

5. 螺旋形盘山路和之字形盘山路

为到达高的和陡峭的“山峰”，道路经常需要围绕着山峰建成螺旋形，或沿着山坡一面建成之字形，如图 3–111 所示。

6. 步级道路、台阶和坡道

为了到达所有地方，一般会设计步级道路、台阶、坡道，如图 3–112 所示。

7. 步道抬高

步道抬高后，便于观察周围的景色，可以弥补地形平坦的缺陷，使使用者心情激动，增加使用者游览的兴趣。当然，步道抬高后，也会对那些仅仅想经过或者穿过的使用者带来麻烦。步道抬高如图 3–113 所示。

(三) 植物元素对道路和路线形式的营造

1. 林荫道

林荫道是最持久的景观形式。林荫道的流行或许是因为它能满足许多功能；界定道路；创造阴影，吸引休

堤：跨越湿地的脊梁路
DYKE : RIDGE PATH OVER WET GROUND
暴露
EXPOSURE
微风 BREEZE
欢愉 EXHILARATION
VIEWS
观景
湿地
WETLAND
ISOLATION
被隔绝

观望
PROSPECT
北 NORTH + SOUTH 南
脊梁路
RIDGE PATH
HADRIAN'S WALL
NORTHUMBERLAND UK.
ONCE A DEFENSIVE STRUCTURE
NOW A PATH WALKED FOR PLEASURE
哈德良的墙，英国诺森伯兰郡
过去是防御设施，现在是一条休闲步道

图 3-110　堑式路

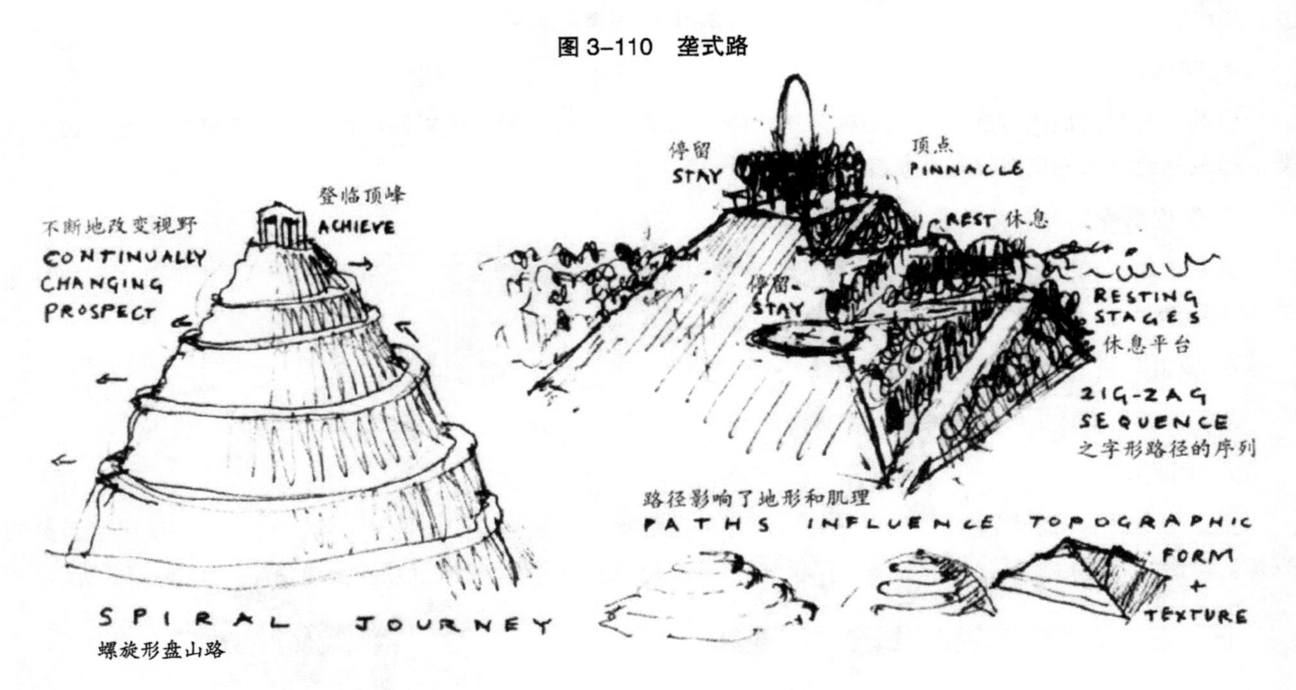

(a) 螺旋形盘山路　　(b) 之字形盘山路

图 3-111　螺旋形盘山路和之字形盘山路

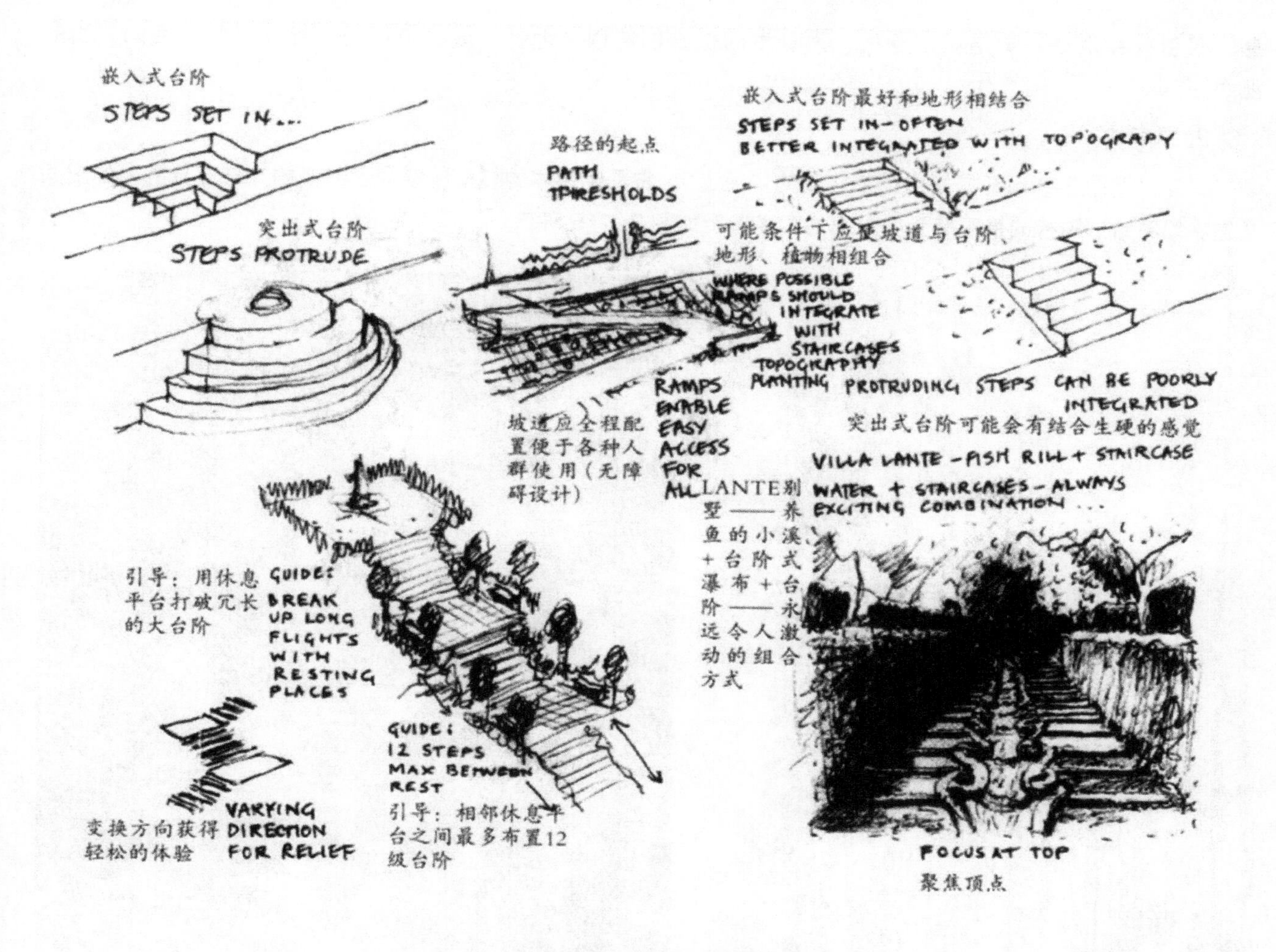

图 3–112 步级道路、台阶和坡道

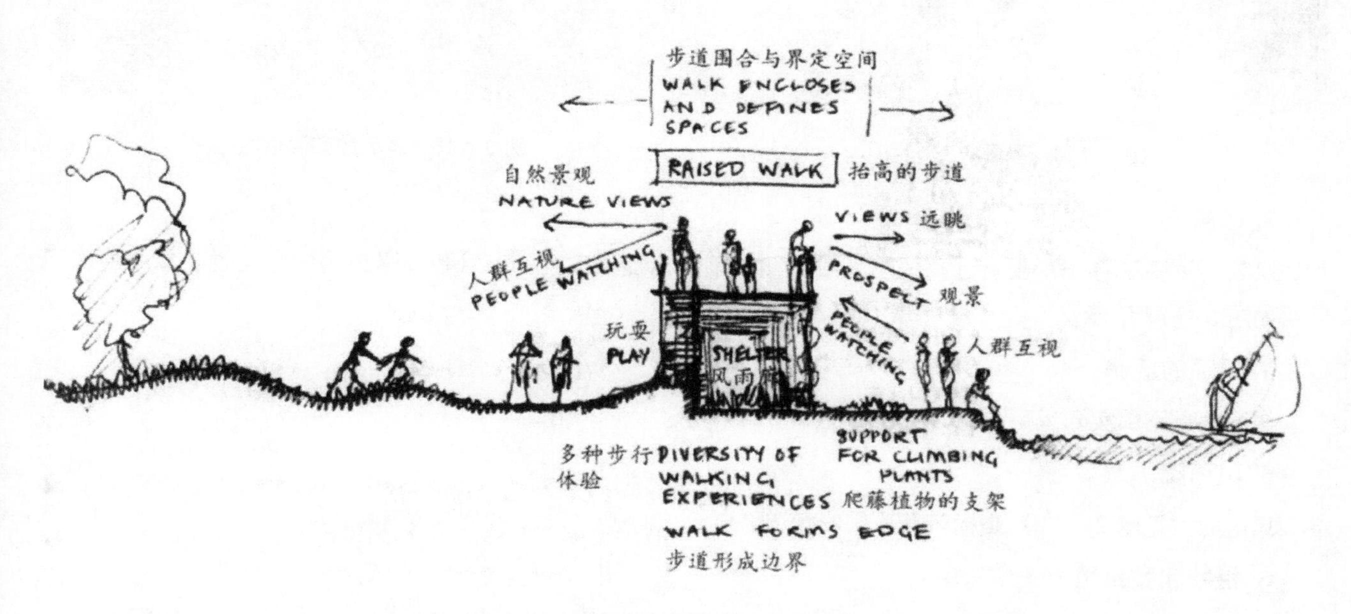

图 3–113 步道抬高

息；吸引社会活动；清洁城市空气；为野生动植物创造栖息地；形成绿色街道；标识时间与空间；引导视线。

2. 绿廊

绿廊（见图 3–114）是指由植物构成的“通道”，它是由树木的枝叶构成的全封闭的、与外界隔离的空间通道。绿廊给人独特的景观感受。绿廊的实际运用如图 3–115 所示。

图 3–114 绿廊

图 3–115 绿廊的实际运用

3. 绿篱

绿篱（见图 3–116）围合道路的一侧或两侧，不仅能提供安全，而且能加强道路的方向性。绿篱的实际运用如图 3–117 所示。

4. 树顶的道路

树顶的道路的实际运用如图 3–118、图 3–119 所示。

5. 风雨廊

风雨廊（见图 3–120）是指带有顶棚的步道。

6. 植物和牧草地面

植物和牧草地面通过使用不同种类的草、草坪以及不同的草坪组合来创造路线。牧草地面如图 3–121 所示。

图 3-116　绿篱

图 3-117　绿篱的实际运用

图 3-118　树顶的道路的实际运用一

图 3-119　树顶的道路的实际运用二

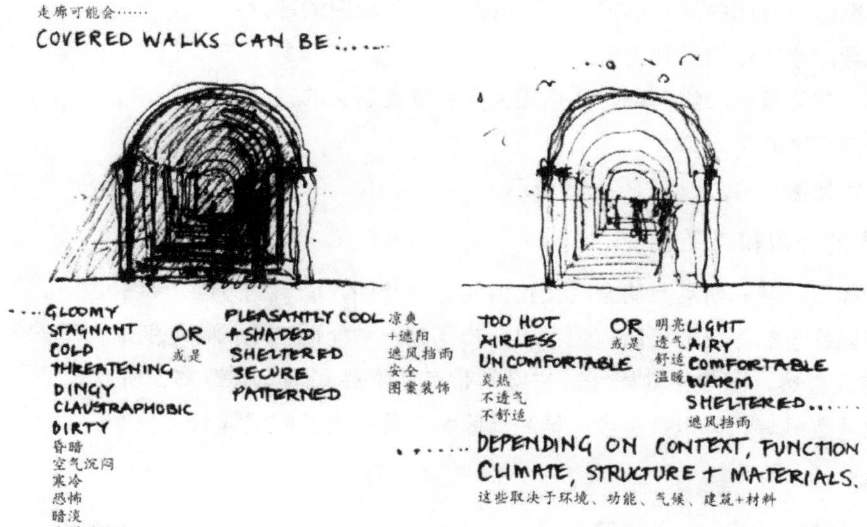

图 3-120　风雨廊

图 3-121　牧草地面

四、景观设计要素对焦点、节点和细部的营造

（一）焦点、节点和细部的定义

1. 焦点的定义

（1）同周围环境形成对比的某种形式或是形成向心感时居中的部分。

（2）能够帮助导向或定位的景观元素。

（3）吸引人群，成为目的和集合点，并且成为具有重要意义的空间的标志。

（4）景观中的某个“事件”。

焦点的实际运用如图 3-122、图 3-123 所示。

2. 人们对焦点的使用和感受

（1）焦点能够标识出空间所具有的重要文化内涵，以帮助人们辨认方向，吸引人流。

（2）焦点既可以是自然形成的场所，也可以是为了某一功能而由人们特地创造出来的场所。

（3）焦点会使人自然地围拢在其周围。它经常带有艺术品和人工制造物，所以又是文化和社会事件的见证。具有纪念性的地点或者元素也是聚会的场所，因为它具有重要的精神意义。

3. 节点的定义

（1）在大空间或路径之间的小的过渡空间。

（2）位于边界的空间。

图 3–122　焦点的实际运用一

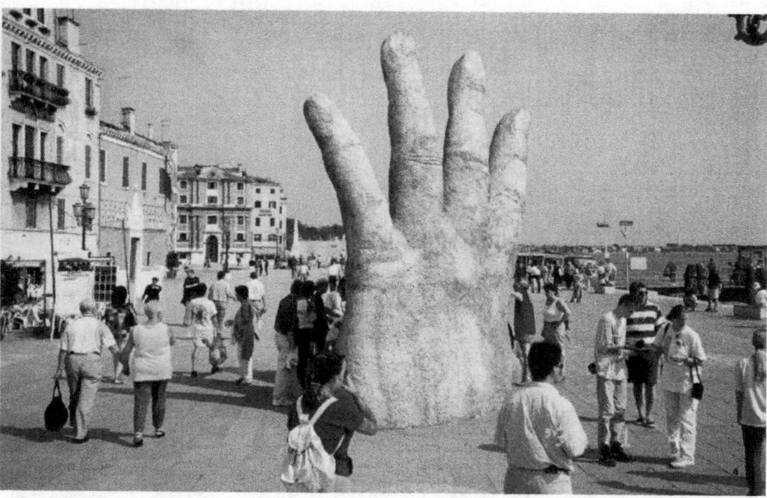

图 3–123　焦点的实际运用二

（3）将一个空间同另一个空间从视觉上联系起来的景观元素（通常是入口空间或者大门）。

（4）结束或开始、休息与等待的场所。

节点如图 3–124、图 3–125 所示。

4. 细部的定义

（1）支持景观近距离体验的元素。

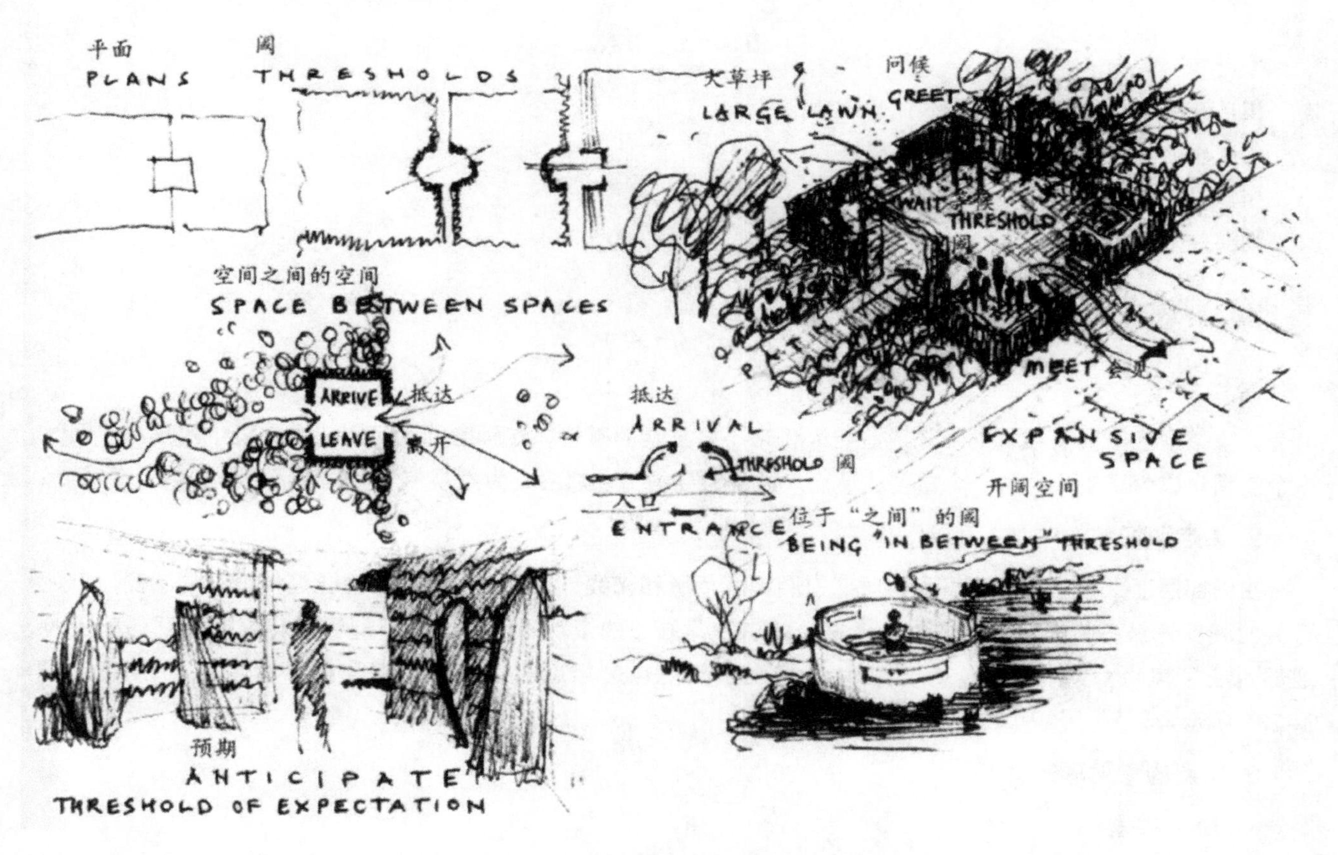

图 3–124　节点一

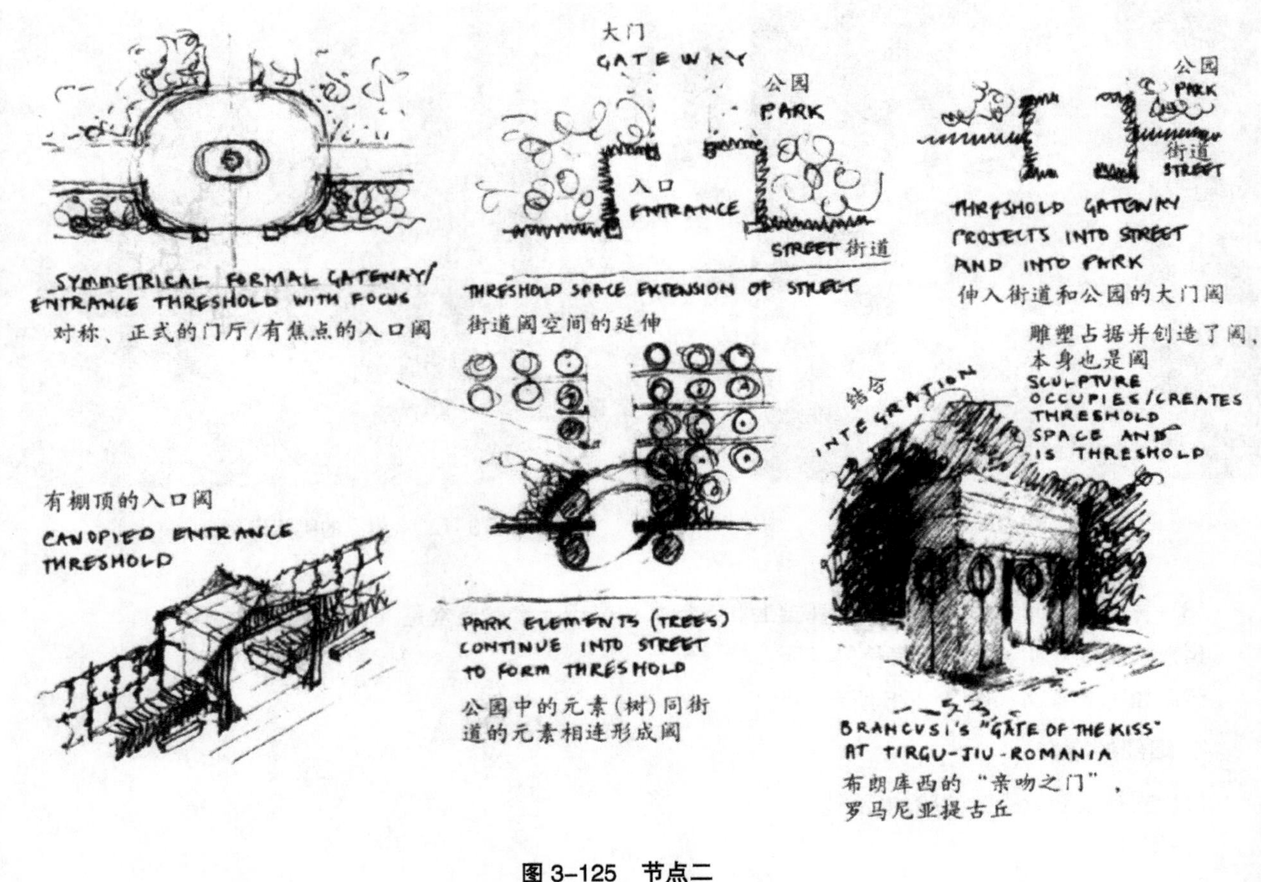

图 3-125 节点二

(2) 景观中小尺度的或小于人体的建筑部件。

(3) 表面的质感、图案、色彩和光线。

(4) 景观设施。

细部如图 3-126～图 3-129 所示。

(二) 焦点与节点和细部的关系

1. 焦点和节点

如果某个空间具有独特的形式或者给人带来不同凡响的感受，这种空间就可以成为景观中的焦点。同时，这个空间也成为了景观中的一个重要的节点。通常重要的节点都会成为景观焦点。或者说，焦点创造了节点。

2. 焦点和细部

在细部层面上（主要是指表面的质感、图案、色彩和光线）的设计思考能够强化整体景观的感受。例如，石头的细部——石头的色彩、质感、图案，提供独具匠心的景观感受。当细部能够强化整体景观的感受时，细部也成了焦点。换句话说，细部在某些景观空间中也是焦点。细部和焦点的实际运用如图 3-130、图 3-131 所示。

3. 焦点的常见形式

1) 公共雕塑

公共雕塑经常成为景观中的焦点。除了具有文化内涵和审美意义外，公共雕塑还具有导向作用。公共雕

图 3-126 细部一

图 3-127 细部二

图 3-128 细部三

图 3-129 细部四

图 3-130 细部和焦点的实际运用一

图 3-131　细部和焦点的实际运用二

塑作为焦点的实际运用如图 3-132、图 3-133 所示。

2）建筑作为焦点

在景观中，建筑作为焦点扮演着中心的角色，特别是在自然、田园或以植物为主的环境中，独立的建筑作为焦点非常多见。建筑作为焦点的实际运用如图 3-134、图 3-135 所示。

图 3-132　公共雕塑作为焦点的实际运用一

图 3-133　公共雕塑作为焦点的实际运用二

图 3-134　建筑作为焦点的实际运用一

图 3-135　建筑作为焦点的实际运用二

3）导向性地标

作为旅游者，我们利用导向性地标来帮助自己定向。导向性地标与周边背景存在差异性，使人们能够辨别自己所处的位置。在帮助人们寻找路径和建立场地的心理地图方面，导向性地标起着重要的作用。导向性地标的实际运用如图 3-136、图 3-137 所示。

图 3-136　导向性地标的实际运用一

图 3-137　导向性地标的实际运用二

(三) 地形对焦点、节点和细部的营造

1. 土丘、岩石和山

土丘、岩石和山常常在景观中扮演中心的角色，以其竖向要素的突出特征吸引着人们的目光。在景观设计中，可以利用土丘、岩石和山来引导使用者到达场所。土丘、岩石和山既可用作游览的终点，也可用作攀登远眺的中心或场所。土丘如图 3-138 所示。

2. 碗形空地和火山口

地形中人工或天然的下降形成的碗形空地和火山口也可以成为焦点和节点，吸引人们进入有遮蔽或者隐蔽的空间。碗形空地如图 3-139 所示。

图 3-138　土丘

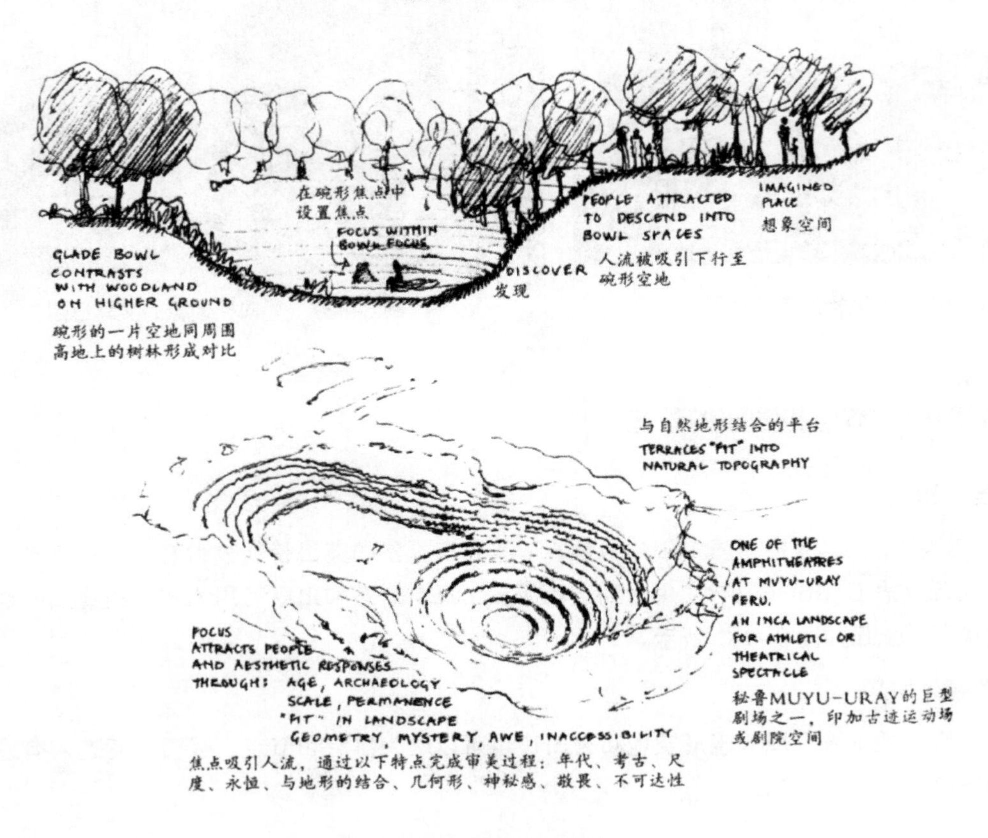

图 3-139　碗形空地

(四) 植物元素对焦点、节点和细部的营造

植物作为焦点的运用如图 3-140 所示。植物作为节点的实际运用如图 3-141 所示。植物作为细部的实际运用如图 3-142 所示。

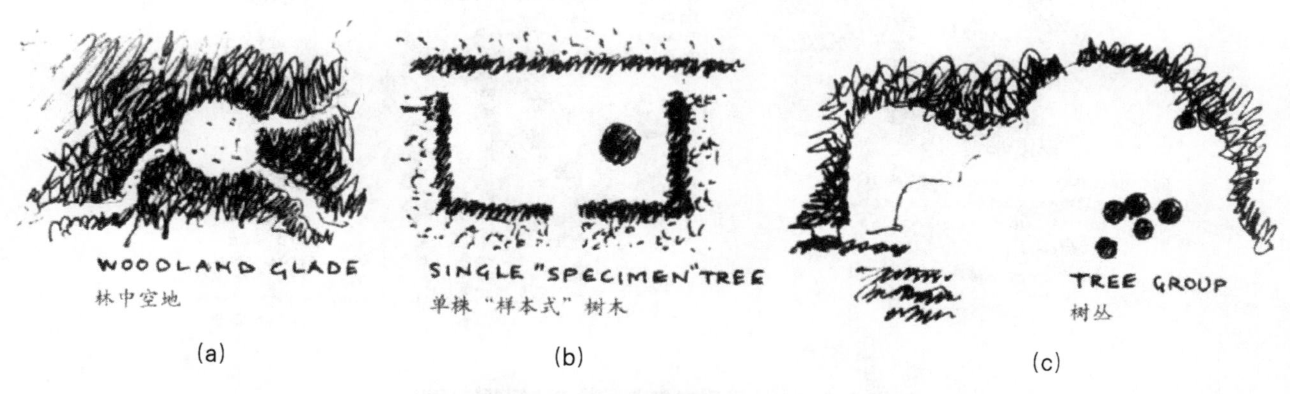

图 3-140　植物作为焦点的运用

图 3-141　植物作为节点的实际运用

图 3-142　植物作为细部的实际运用

(1) 在相对开场的空间，单株树木或群植树木由于具有垂直特点，同周围的水平地面形成了对比，因此成为焦点。

(2) 林中空地同周围高大乔木形成了对比，能够吸引人流，成为焦点。

(3) 较典型树木可以设置在道路的终点，成为装点开阔区域的元素。

(4) 形态独特、具有审美价值的标志性树木可以单株栽种，供人们欣赏，并且形成理想的坐憩场所。

(五) 水元素对焦点、节点和细部的营造

水元素对焦点、节点和细部的营造（见图 3-143）是指集中于一处的水体通过多样化形态的造势、声响、质感、光影、动态等达到吸引使用者的目的。通常这种水体与周围的环境和背景形成对比。水元素作为焦点的实际运用如图 3-144 所示。水元素作为细部的实际运用如图 3-145、图 3-146 所示。

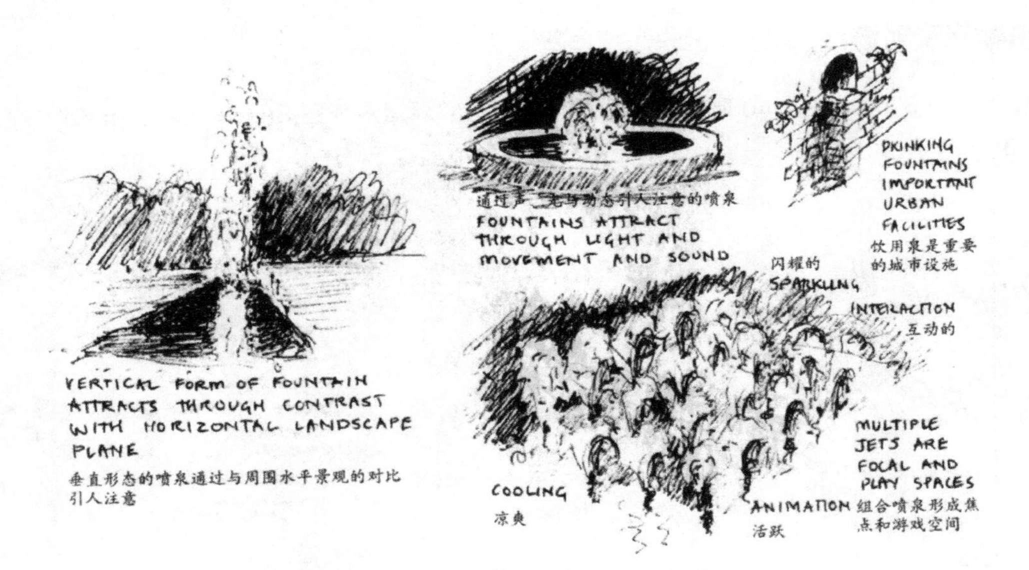

图 3-143　水元素对焦点、节点和细部的营造

图 3-144　水元素作为焦点的实际运用

图 3-145　水元素作为细部的实际运用一

图 3-146　水元素作为细部的实际运用二

第四章 景观设计程序和基本方法

景观设计的每个阶段都有不同的任务，每个阶段的成果都可能会影响到下一阶段的开始，甚至是最终的设计成果。我们要走出“设计”即“画图”这个误区。在“画图”之前，我们还有很多事情要做，掌握正确的景观设计程序能帮助我们有序地推进景观设计进程，提出有效的、可行的设计方案，避免盲目设计，使我们的设计有理有据。

第一节 景观设计程序

景观设计项目工作流程如下。

（一）项目的确定阶段

在设计单位从项目业主（也就是我们俗称的甲方）处获得一个景观项目标书后，在项目跟进顺利的情况下，设计单位会组织召开项目讨论会，研究标书，讨论项目的可操作性，并确定是否运作该项目。如果确定运作该项目，那么设计单位要成立项目小组。

（二）项目小组的确定阶段

景观设计项目往往较复杂，所以项目小组中应包含景观建筑师、土木工程师、园林景观管理师、咨询顾问、艺术家、雕塑家甚至是使用者等多种人员。各种人员在项目中进行专业间的配合。

（三）研究分析及项目计划的制订阶段

项目小组在综合考虑甲方的设计要求后确定设计主题及概念方向。在这一阶段，项目小组先对现场进行详细的实地考察或通过其他调研方式来了解现场地质状况及周边地区相关信息，并要求甲方尽可能提供完整图纸，由项目负责人、设计师等共同制订工作计划表，并交付项目小组各相关人员及相关配合专业负责人。

（四）设计阶段

1. 初步方案设计

在概念方向得到甲方确认后，景观设计师开始进行方案的总体设计，并结合基地现状进行概念设计可实施性和合理性的论证。景观设计师在收集相关意向性的图片，以及制作基地布局及相关的分析图纸后经过多番对图纸的推敲完成初步规划设计，进行投资估算。

该阶段的图纸主在包括几种。

（1）环境分析图：包括气候分析图、区位分析图、基地分析图、场地分析图、现状分析图。

（2）设计概念图：包括设计理念图、概念分析图、场景设计图、总平面图。

（3）景观设计分析图：包括总平面图、竖向分析图、系统分析图、视线分析图、交通分析图、绿化分析图、照明分析图、感观分析图、人性化分析图。

（4）景观设计图：包括分区索引图、各分区平面图及分析图、各分区内景观处理意向图、雕塑及小品等各细部意向图等。

2. 方案深入设计

进行方案深入设计时，除了需要对各总体环境及景点形式和材料进行深入设计外，对栏杆、铺地、雕塑、小品、景观家具等细部的材料、尺寸、比例、工艺、色彩也要做更进一步的深入设计，同时需要对主要景观植被的形态进行设计，并对主要的景观照明的形式进行设计。

该阶段图纸包括以下四种。

（1）景观设计图：包括总平面图，总平面分区索引图，各分区平面图，各分区竖向图，各分区景点平面索引图，各分区大剖、立面关系图，各局部铺装平面图，各分区景点设计详图。

（2）植被设计图：包括乔木图、灌木图、植被种植及搭配意向图。

（3）灯光设计图：包括主要照明灯具分布图、主要照明灯款式图、灯光效果意向图。

（4）细部设计图：包括铺装设计图、栏杆设计图、雕塑设计图、小品设计图、座椅设计图、树池设计图等。

3. 方案扩初设计

方案扩初设计由方案设计师和施工图设计师共同完成，方案设计师需要向施工图设计师提供线型正确、尺寸规范的 CAD 总图。方案扩初设计完成后，由方案设计师审核设计方面是否和原设计相符，方案扩初图纸需要与方案设计完全相符。审核合格后，甲方需要对各景点的具体材料、尺寸、雕塑、小品，以及景观家具的形式和分布进行确认。在进行方案扩初设计时，还需要根据扩初图纸进行设计概算。

该阶段图纸包括以下内容。

（1）设计总说明。

（2）图纸目录。

（3）总图部分：总平面图、总平面竖向图、总平面铺装图、总平面索引图。

（4）分区部分：各分区平面图，各分区竖向图，各分区铺装图，各分区定位图，各分区材质图，各分区索引图，各大样平、立、剖面详图。

（5）通用大样部分：栏杆详图、铺装详图等各通用部分详图。

（6）植被部分：乔木图、灌木图、苗木表。

（7）水电部分：水总图、电总图、各主要节点详图。

4. 施工图设计

完成方案扩初设计后，需要再次进行场地精勘以掌握最新、变化了的基地情况。前一次踏勘与这一次踏勘相隔较长一段时间，现场情况可能有变化，项目小组必须找出对今后设计影响较大的变化因素并加以研究，然后调整施工图设计。此次踏勘需要增加各个专业人员。各专业图纸出图有先有后，但各专业图纸之间要相互一致。每一种专业图纸与今后陆续完成的图纸之间要有准确的衔接和连续关系。

在这一环节需要根据施工图进行施工预算编制。

该阶段图纸包括以下内容。

（1）设计总说明。

（2）图纸目录。

（3）总图部分：总平面图、总平面竖向图、总平面铺装图、总平面定位图、总平面索引图。

（4）分区部分：各分区平面图，各分区竖向图，各分区铺装图，各分区定位图，各分区材质图，各分区索引图，各大样平、立、剖面详图，各大样安装及制作节点详图。

(5) 通用大样部分：栏杆详图、铺装详图等各通用部分详图，安装及制作节点详图。

(6) 结构部分：总平面图、各节点索引图、各大样结构部分详图、安装及制作节点详图。

(7) 植被部分：乔木图、灌木图、苗木表、植被种植详图。

(8) 水电部分：水总图、电总图、安装及制作节点详图。

(五) 施工阶段

设计的施工配合工作往往会被人们忽略。景观设计师在施工阶段，应经常踏勘建设中的工地，解决施工现场暴露出来的设计问题、设计与施工相配合的问题。

(六) 工程竣工评估阶段

在工程竣工评估阶段，在建设单位已取得政府有关主管部门（或其委托机构）出具的工程施工质量、消防、规划、环保、城建等验收文件或准许使用文件后，由建设单位组织参建单位和有关专家组成验收组对竣工工程进行验收并编制完成“建设工程竣工验收报告”。

另外，在工程竣工评估阶段，应根据项目施工过程中的变更、洽商情况，调整施工预算，确定工程项目最终竣工结算价格。

(七) 后期养护管理阶段

景观工程竣工并投入使用后，为了使景观逐渐达到并保持效果，应组织开展后期养护管理工作。后期养护管理工作在园林景观工作中起着举足轻重的作用，它是一种持续性、长效性的工作，有较高的技术要求，除包括修剪、除杂、病虫害防治等基础性工作外，还包括进行园区的硬质景观、水系、园林小品等维护与管理工作。

第二节 景观设计中的基地调查和分析

一、基地调查和分析在景观设计中的重要性

一个完整的景观设计过程主要可以概括为两个阶段：一是认识问题和分析问题的阶段；二是解决问题的阶段。根据伊恩·麦克哈格《设计结合自然》一书，景观设计过程可以分以下三步进行。

(1) 调查。调查是指基地调查。调查结果大多以书面的文字报告结合基地实景图片表述。

(2) 分析。分析是指基于对基地客观事实的调查，对基地现状进行全面的评估和理解。例如：手绘相应的基地横截面图，结合专业知识对目前基地的排水流向进行分析和评论。

(3) 设计。设计，在这里指的是在对基地进行调查和分析后，得出的关于下一步如何展开和进行设计的建议。通常这个设计建议以文字、设计概念草图结合示意图来表示。

在某种意义上来说，调查、分析决定设计。

明末造园家计成所著《园冶》一书中也有专论踏勘选定园址的的内容——相地。相地包括园址的现场踏勘，环境和自然条件的评价，地形、地势和造景构图关系的设想，内容和意境的规划性考虑，以及基址的选择确定。

基地作为承载自然及人文衍生变化的平台，受到自然因素及人文因素的各种影响，与外部环境有着密切的联系，全面掌握和理解基地的所有信息，可以为实际设计中的各种问题提供可靠资料与依据，以及立意的线索等。同时，基地的现场调查也是获得基地环境认知的一种不可或缺的途径。

基地调查和分析处于设计的前期阶段，是对问题的认识和分析过程。对问题有了全面、透彻的理解后，基地的功能和设计的内容也就自然明了了。所以，认识问题和分析问题的过程非常重要。它虽然与设计阶段紧密相连，但往往容易被设计者忽视。我们更喜欢关注最终的形式效果，这就造成不少景观设计作品存在与周边环境不协调、景观缺少地域特征、不符合人们的使用需求并缺乏与人的互动等缺陷。

二、 基地调查和分析的方式及步骤

(一) 基地调查和分析的方式

景观的拟建地又称为基地，它是由自然力和人类活动共同作用所形成的复杂空间实体，与外部环境有着密切的联系。各种因素（见图 4-1）都对基地起到作用、带来影响。在进行景观设计之前，应对基地进行全

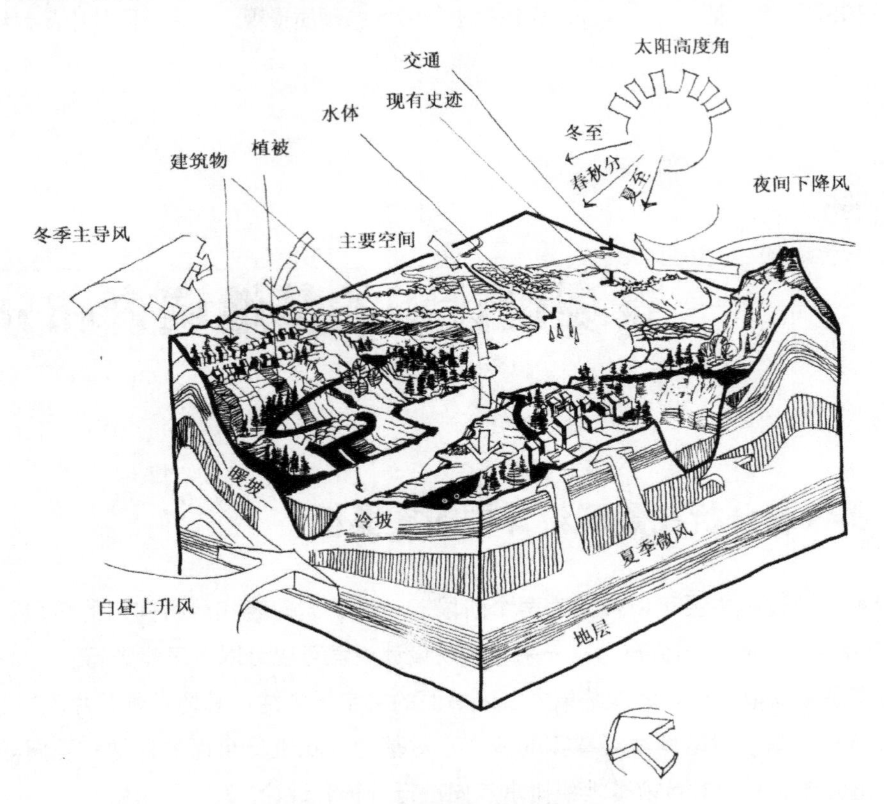

图 4-1 基地的影响因素

面、系统的调查和分析，为设计提供详细、可靠的资料与依据。

当对基地进行调查与分析时，一般通过两种方式来获得基本资料：一是图纸；二是现场踏勘。一般在一个项目之初，景观设计师会得到相关图纸。图纸及其他数据固然是重要的，但完全依靠图纸是远远不够的，景观设计师必须通过至少一次最好多次的现场踏勘来对基地进行理解和对其精神进行感悟。基地中的每一个元素都应该被描绘和记录，以清晰地表达基地中的资源状况。另外，影响和指导设计的关键信息也要标明。

在《设计结合自然》一书中，伊恩·麦克哈格使用解析测图的方法表现主题地图中至关重要的审美因素、社会因素和物理因素，之后把这些因素彼此叠加，并在底图上覆上描图纸，将这些图层叠加结合在一起并进行筛选后，使用描图纸描绘一张综合分析图，分项内容用不同的颜色加以区别，在这里这些图层就起到了筛子的作用，得出分析结果之后再用 SWOT 分析法进行总结，从而得出进一步的设计建议，如图 4-2~ 图 4-7 所示。

只有通过现场踏勘，才能对基地及其环境有个透彻的理解，从而把握基地的感觉，把握基地与周围区域的关系，全面领会基地状况。

（二）基地调查和分析的步骤

1. 第一步：搜寻有关基地的概况信息

我们可能从图纸（如图 4-8 所示的总规划图）、报告或出版物中找到一些描绘基地的地形、地表水、植被、动物、土壤、气候以及目前的使用状况等信息。通常来说，这些资料在一定程度上提供一个大范围的概况，有关基地的具体信息是不大可能找到的。不过这些信息提供了有关基地的背景脉络，这是非常重要和值得考虑的。

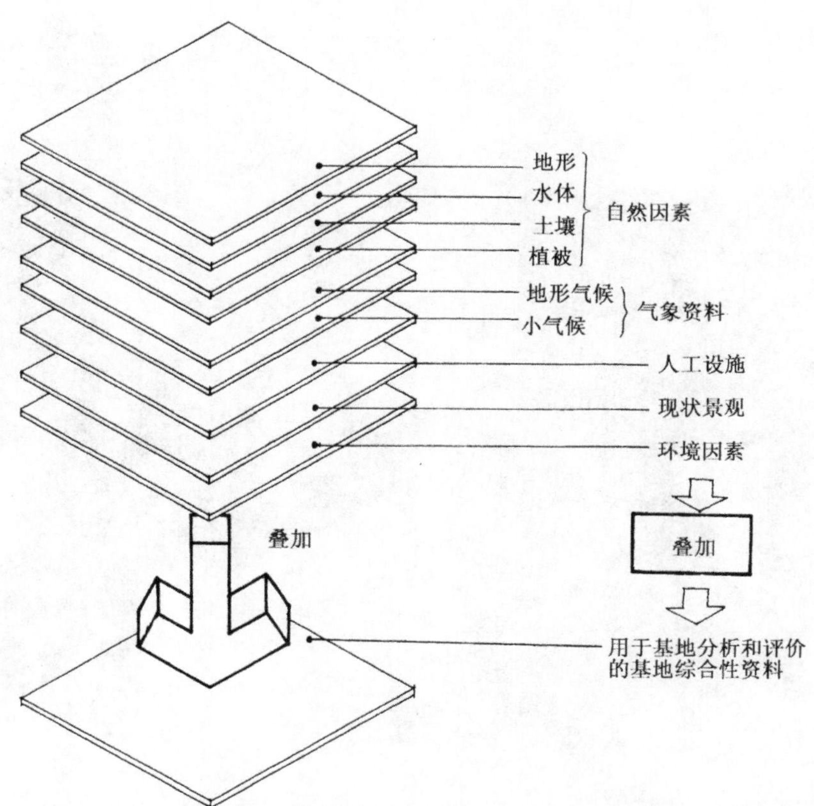

图 4-2　基地分析的分项叠加方法

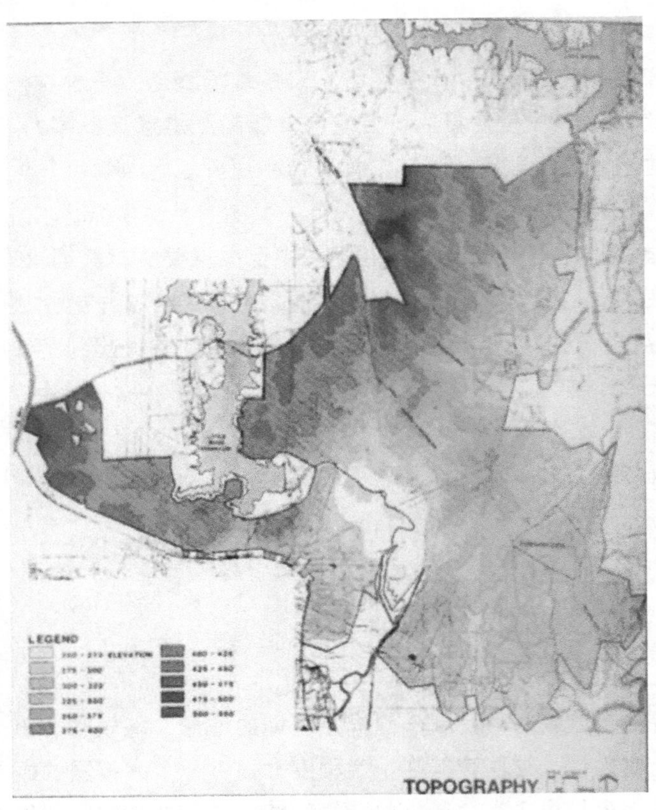

图 4–3　地形地势

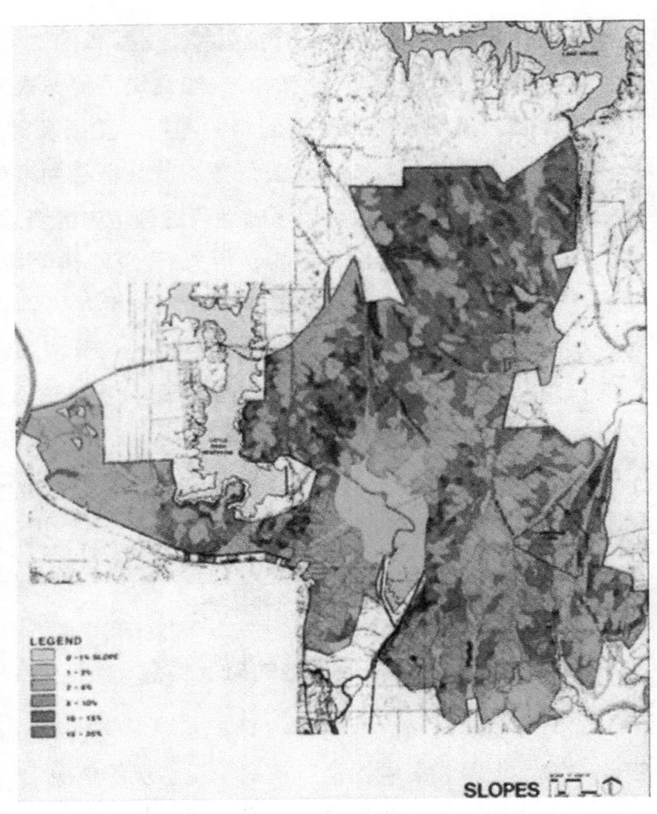

图 4–4　坡级图

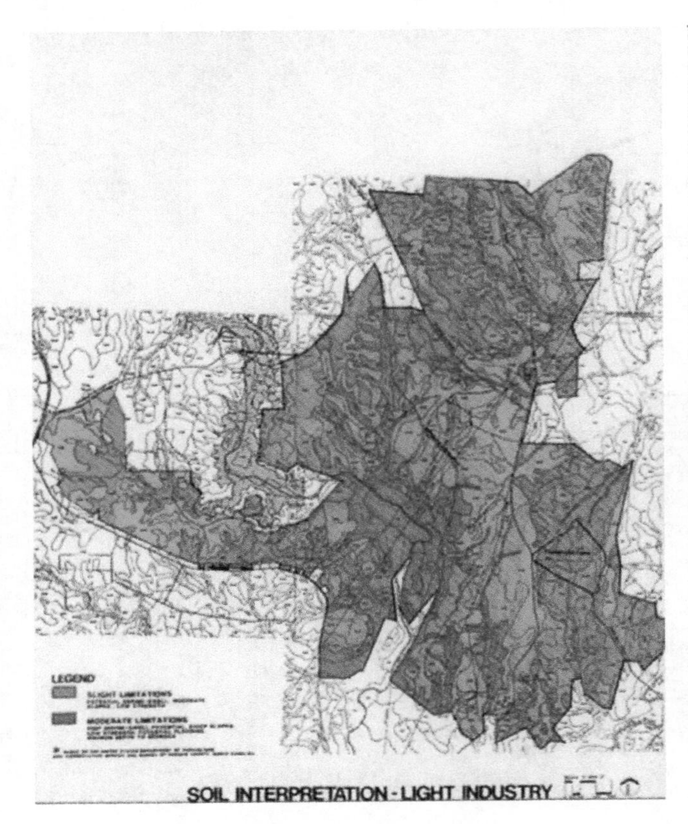

图 4–5　土壤

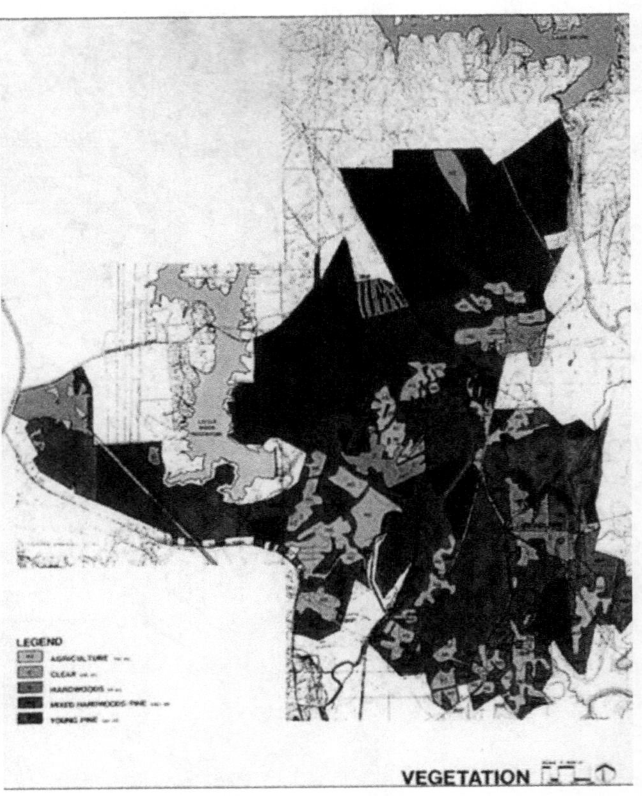

图 4–6　植被

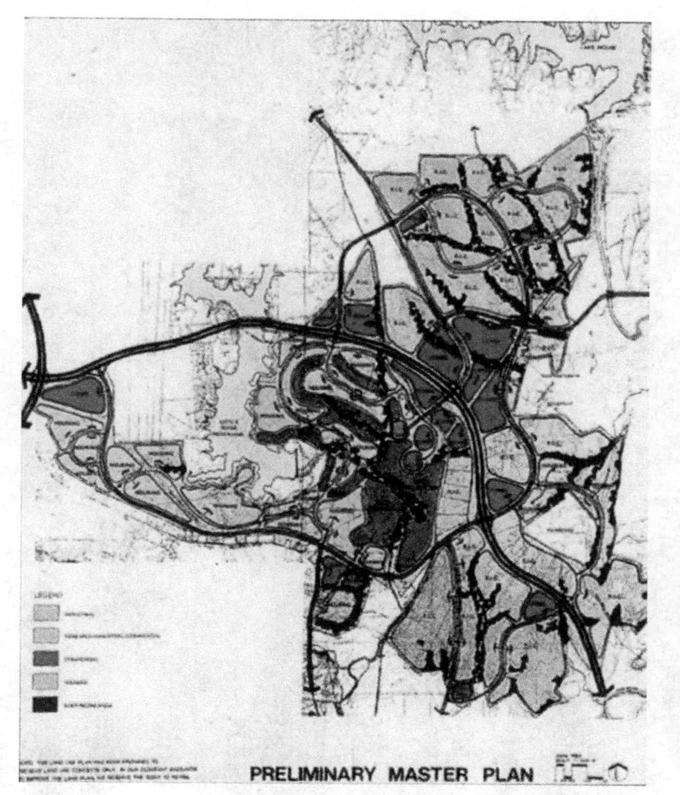

图 4–7　综合现场评估初步的策略措施

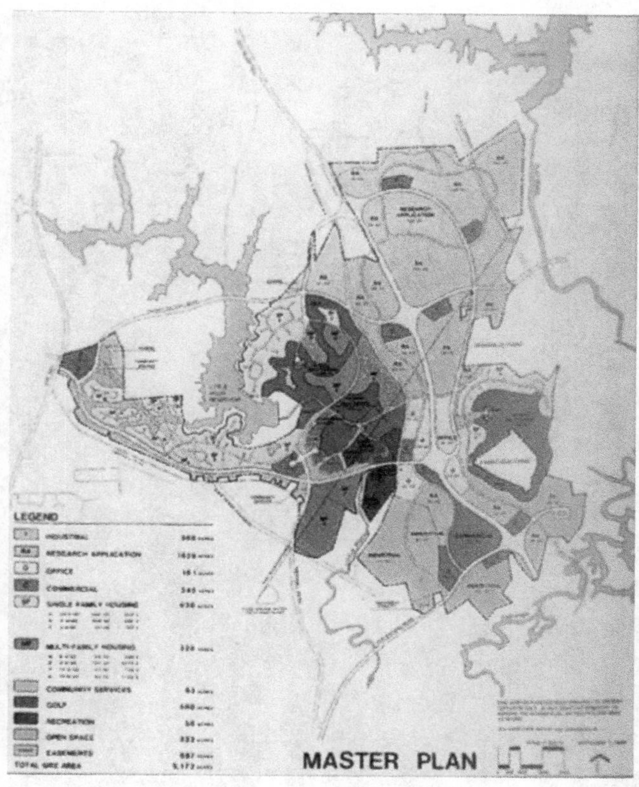

图 4–8　总规划图

2. 第二步：获取基地及周边地带的航拍照片和卫星地图

基地及周边地带的航拍照片和卫星地图会使人更容易找到道路、构筑物、森林地区和河流等。通过航拍照片、卫星地图，人们可以得到很多信息。需要指出的是，通过航拍照片可以获得比通过卫星地图更多的细节信息，甚至在航拍照片上可以识别树种和建筑物的高度。如图 4–9 所示为武汉江淮绿地航拍照片。如图 4–10

图 4–9　武汉江滩绿地航拍照片

图 4-10　武汉江滩绿地卫星地图

所示为武汉汉滩绿地卫星地图。

3. 第三步：带上图纸、航拍照片或卫星地图，进行现场踏勘

走进基地，找到在图纸、航拍照片或卫星地图中看到的景物，核实图纸、航拍照片或卫星地图与实际基地是否一致，同时更新细节的变化并记录图纸、航拍照片或卫星地图中没有显示的信息。走进基地，还可以收集有关基地组成的所有信息，如植被组成及生长情况、基础设施情况、使用者意见等。

4. 第四步：制作基地不同元素的分析图

基地不同元素的分析图应包括地形、土壤、水文、植被、野生动物、微气候、土地使用，以及其他任何有关基地的内容。联系紧密和相互影响的图纸可以合二为一。

5. 第五步：撰写简短而清晰的报告来描述所取得的信息

调查步骤和对基地各种资源状况的报告，可以作为图纸的补充。报告应包括所有与日后基地使用决策有关的信息。

6. 第六步：合成信息，进行可能性和适宜性评估

应尽可能客观地评估基地可使用的潜力，分析、考虑更多的价值因素和主观因素。

三、基地调查和分析的内容及方法

景观设计师在准备进行景观设计之前，要做的第一步是进行基地调查。基地调查能帮助景观设计师更好地了解和理解现有的基地的各个方面，为进行下一步概念设计意向提出奠定基础。一个成功的基地调查能帮助景观设计师发现基地中有吸引力、迷人的景色，以及缺乏吸引力的区域，即基地调查能帮助景观设计师找出当前基地的优缺点，以便于更好地进行下一步设计。例如：基地中是否有噪声等问题？是否需要在特定区域增加乔木来阻挡炎炎夏日的阳光？是否需要一些其他规格或颜色的植被来增加现有基地植被的多样性？是否需要增加座椅、厕所等以满足功能性需求？换句话说，基地调查就是为后面的景观设计创造条件，保护并利用基地内的积极因素，消除消极的基地特征，如荒废的建筑物、有毒的废弃物、有病害的植被及其他不雅观的景致。

基地调查还有利于后期设计中处理基地与其外街面的联系。景观设计师可依据前期考察中得到的不同的情况，采用通透或封闭的处理手法处理基地与其外街面的联系。例如：在某些功能需要或利用街景的地段，采用通透的处理手法；在过于嘈杂或街面要素与基地内景观不协调的情况下，采用封闭的处理手法，遮挡不利于景观的因素，提升景观效果。

我们在任何时候都要记住，景观不是静止不变的。景观规划和景观设计面临的一项重要挑战就是要协调场地的使用和自然的进程。我们要学会如何解读景观，如何从土地中获取线索。关于解读景观，可将这些景观分为不同层次或组成元素，依次研究以下内容：地貌、气候、水、植被、动物、土壤等。

每次去基地进行实地考察的时候，都应携带一张含有比例尺的基地平面图纸及地形图、速写本（或笔记本），以便随时记下想法和感受。可能的话，最好再携带一台数码相机，因为与文字相比，图像能更客观地反映基地的现状。

（一）基地基本信息

1. 基地位置及内容

第一，为规划提供范围界限。在做一个项目之前，首先要通过核对图纸、航拍照片或卫星地图和现场踏勘来明确规划范围界限、周围红线及标高。只有这样，才能使以后的设计具有准确性。带有地形的现状图是基地调查和分析不可缺少的基本资料，通常称为基地底图。

第二，分析基地内部与基地外部的关系和基地内部各要素，为以后基地功能的确定提供依据。基地分析通常从对项目基地在城市地区图上定位，以及对周边地区、邻近地区规划因素的调查开始。通过基地分析，可获得一些有用的信息，如周围地形特征、土地利用情况、道路和交通网络、休闲资源，以及商贸和文化中心等。这些与项目相关的基地信息，对基地功能的确定有着重要的影响，充分了解这些信息有利于确定基地的功能、性质、服务人群，基地主 / 次要出入口的合理位置，喧闹娱乐区的位置，安静休息区的位置等。

基地位置的调查主要包括以下五项内容。

（1）了解场地历史和发展情况，结合历史资料、历史地图、现有场地平面图、实景照片和手绘示意图对场地进行系统的分析，找出资料记载的近年场地变化及原因。

（2）了解与场地相关的当地政策、法规及当地规划、经济发展等情况，了解场地的用地性质、发展方向、交通、管线、水系、植被等系列专项规划的详细情况。

（3）在基地平面底图上标明用地红线，即分析场地范围、场地用地。通过区域平面图分析周边用地情况时，可用不同的颜色在平面图上标出不同的用地属性。

（4）在区域平面图和基地平面图上分别标记到达场地和场地内的交通路线，并进行分析：从城市或其他地区到场地的路线是怎么样的？场地附近是否有公共交通站点等？场地内部的交通流线情况，道路的铺装材质、损耗等，都应在平面图上注释，需要重点说明的，应记在笔记本上并拍摄现场照片。

（5）记录场地的具体范围。在平面图上以简洁的线条给出注释，并注明场地四周的界限是如何划分的。例如：围栏、围墙、绿篱等，从场地内看出去和场地外看进来的景色分别是怎样的？在某个特定区域看向场地内外的视线是通透的还是有遮挡的？若有需要，以实景照片或者手绘示意图来表示。

西尔兹地产案例：西尔兹地产位于加拿大安大略省圭尔夫市圭尔夫大学东北，业主希望在此基地上开发一个适应当地气候的住宅项目，所有住宅规划设计满足节能要求，并能保证全年有温度适宜的户外活动场所。如图 4-11 所示为西尔兹地产区位图。

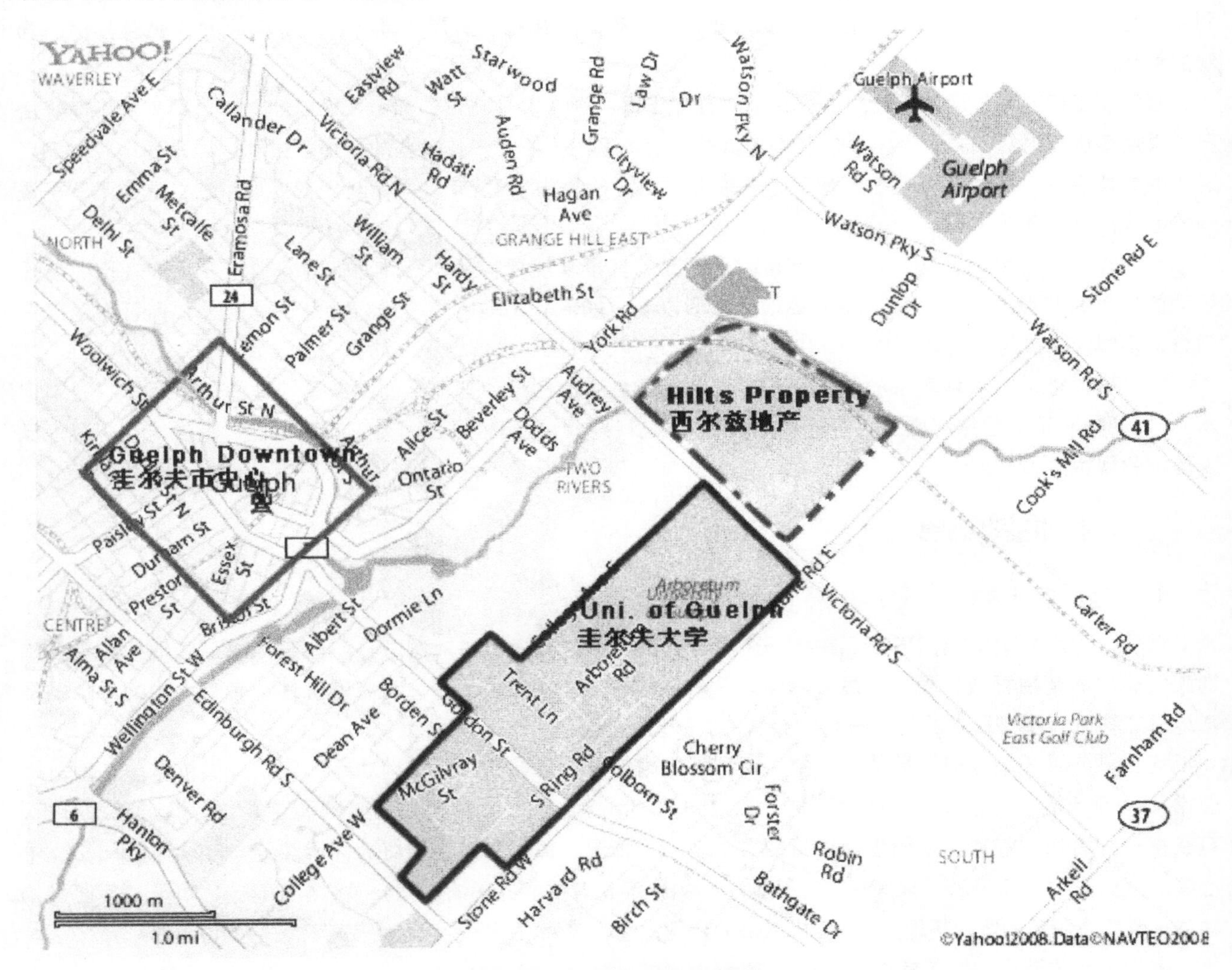

图 4-11　西尔兹地产区位图

基地底图约定了所有图纸的比例、包括了基础信息，是制作所有图纸的起点。基地底图中包括了场地边界、地形等高线、现有建筑、水体、道路和铁路线等。本案例使用了安大略省的基地底图和加拿大自然资源部的部分底图，以及 Northway 影像公司 2002 年的圭尔夫市航拍照片作为依据，制作出西尔兹地产基地底图，如图 4-12 所示。

2. 基地基础设施的分布情况

对于基地现有基础设施的分布情况的调查，首先对后期植被的设计有很大的影响。在后期进行植被设计

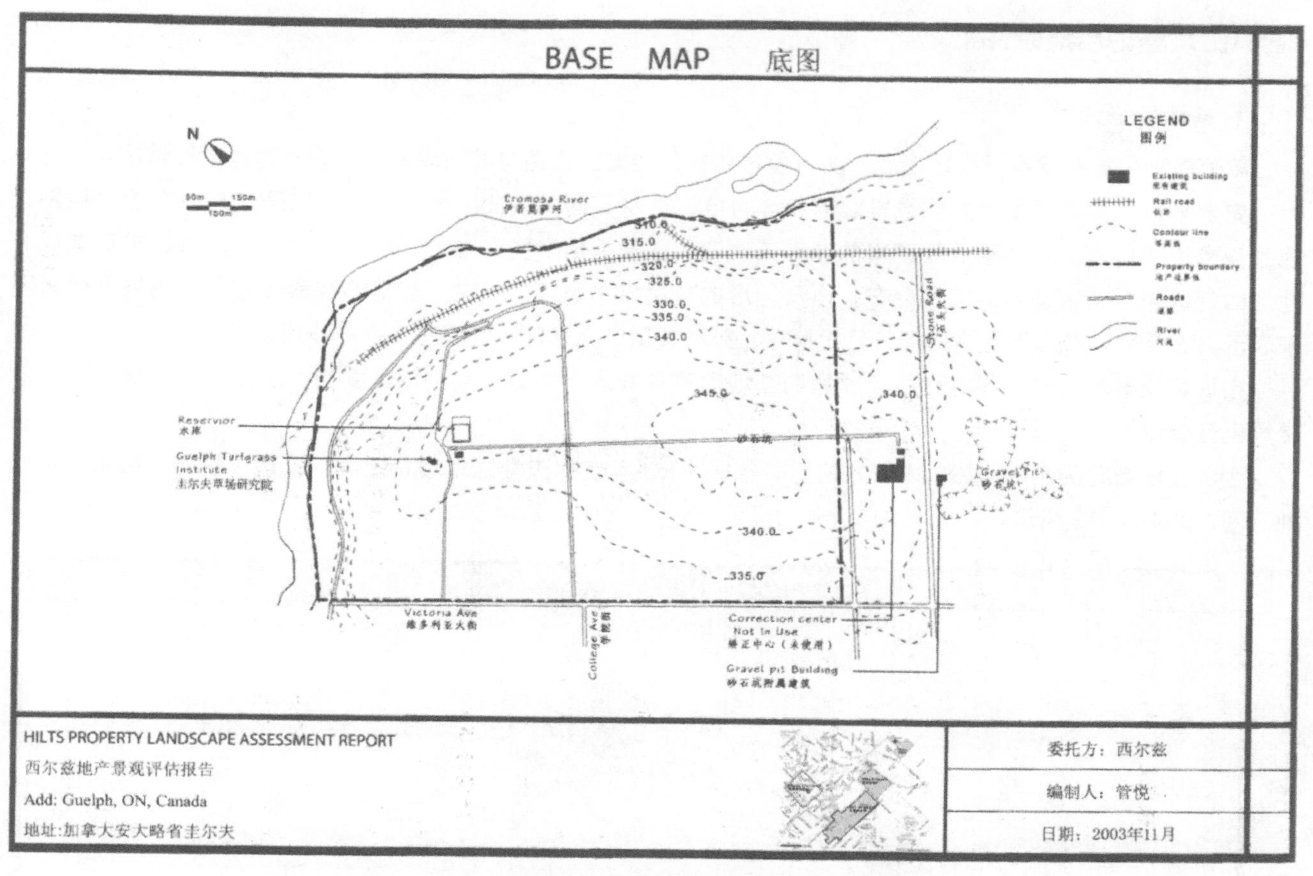

图 4-12　西尔兹地产基地底图

时，注意植被种植点要与基地中需要保留的建筑、墙体、地上管线、地下管线等建筑及构筑物保持一定的距离，这样既能保证植被的正常生长，又能保证建构筑物的基础不会受到牵动。对基地现有基础设施的分布情况进行调查时，还应注意到基地中的其他因素对植物设计的制约，如基地上空的高压线，为了考虑植被的生长及安全系数，高压线下的植被，不宜选择过高的乔木等。

后期进行设计的建筑及构筑物，要与现有的建筑及构筑物在风格上保持一致，避免出现极端不协调的情况。道路和广场设计等也要参照原有标高和排水情况。

此外，在后期设计中要注意规避各种管线，避免发生将景观水池设计在化粪池上等这一类情况。

基地基础设施包括以下几个方面的内容。

（1）建筑及构筑物。调查基地基础设施的分布情况时，应了解基地建筑及构筑物的使用情况、平面、立面、标高、与道路的连接等情况。

（2）道路和广场。调查基地基础设施的分布情况时，应了解基地上道路的幅宽、平曲线、主点标高、排水形式等，广场的位置、大小、铺装、标高、排水形式等。

（3）各种管线。调查基地基础设施的分布情况时，应了解基地上电缆、电线、给排水管、煤气管线、天然气管线等各种管线的位置、走向、长度、管径和其他一些技术参数。

通过调查，标出主要建筑物的分布情况，并进行使用现状分析，可通过手绘建筑立面图或用照片表示。对主要道路、广场尺寸和铺装进行测量和观察，并进行记录和拍照，建议手绘部分道路铺装形式。通过调查，给出基地主要道路的排水方式和问题的分析结果。进行调查时，建议雨天和晴天各到现场一次。各种管线的分布情况通常是通过市政的规划图纸获得的。

（二）基地自然条件

1. 基地地形地貌

解读景观的首要就是识别地形。一般可通过植被、建筑、道路等表面现象去发现基本的地形情况。

完全平坦的景观很少，大多数景观都包含斜坡，有水平面的改变。地形情况可以通过在平面图上绘制景观的轮廓线来获得。地形图是最基本的场地条件资料。根据地形图，结合实地调查可进一步分析与掌握现有地形的起伏与分布、基地的坡和分布，以及地形的自然排水类型。其中，基地的坡和分布可以用坡度分析图来表示。坡度分析对合理安排用地，分析植被、排水类型和土壤内容等都有一定的作用。

在现场观察地形时，要对比事先收集的基地的等高线图，并做记录，按坡度的大小用由淡到深的单色做出坡度分析图。

西尔兹地产案例：根据加拿大安大略省矿务局 1963 年圭尔夫地区地理状况图以及现场踏勘得出本场地的地形图，如图 4–13 所示。

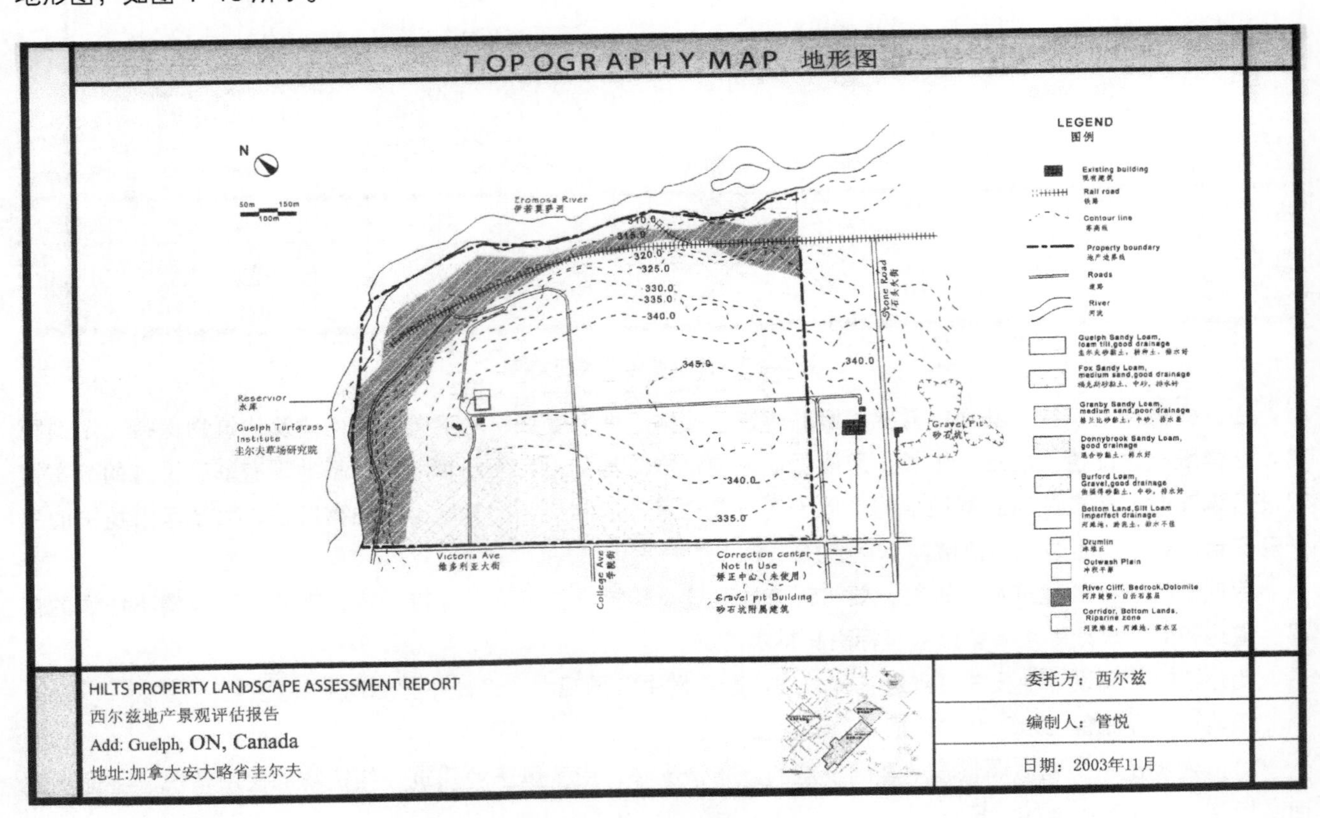

图 4–13　西尔兹地产地形图

2. 基地的土壤

景观中的土壤是多年来地形、气候、水、植被和动物相互作用的结果。随着时间的推移，各种变化过程促使地表的物质分开，有机物和养分增加，最终形成了可以识别出结构的土壤类型。

在对基地的土壤进行观察前，应尝试了解不同区域土壤的具体类型、酸碱性、沙化、黏性等。了解基地的土壤类型和土壤条件非常重要，因为土壤的酸碱性会影响植物生长。植物只能生长在 pH 酸碱度为 4~7.5 的环境中，pH 酸碱度为 6 左右的中性土壤既适合酸性植物也适合碱性植物。植物适合生长的土壤 pH 酸碱度范围如图 4–14 所示。

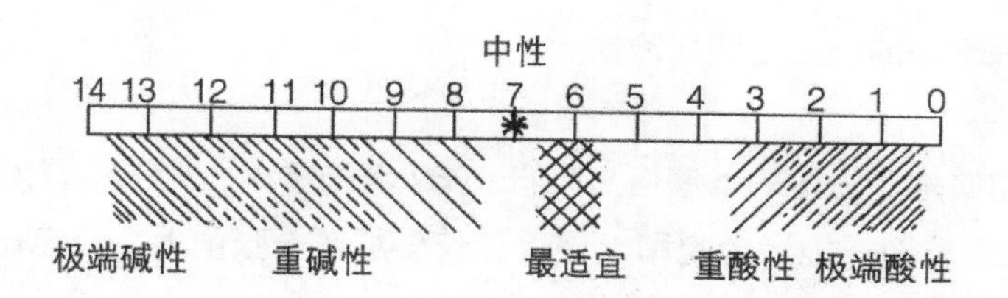

图 4-14　植物适合生长的土壤 pH 酸碱度范围

观察基地的土壤时，应注意基地中有没有某些区域长期比较干燥或湿润。通常情况下，坡地往往偏干燥，而低洼的区域通常比较湿润。不同的植物适宜生长在不同的土壤环境中：有些植物喜欢干燥的环境；有些植物更适于生长在湿润的土壤中。在了解了基地的土壤类型后，就很容易在设计阶段挑选植物，将适宜的植物种植在相对应的土壤类型的区域中。

贫瘠的、含沙量大的土壤排水很快，由此导致营养物质和矿物质快速流走，进而造成植物营养不良，因此这种土壤需要通过施肥来保持土壤养分平衡。重黏土能在一年中的大部分时间保持水分，在天气温暖时会变得干燥并裂开。有些基地，在不同的位置土壤干湿差别很大。土壤结构不良会制约植物生长，在种植植物之前要对其改良。黏土、沙土、壤土的结构如图 4-15 所示。

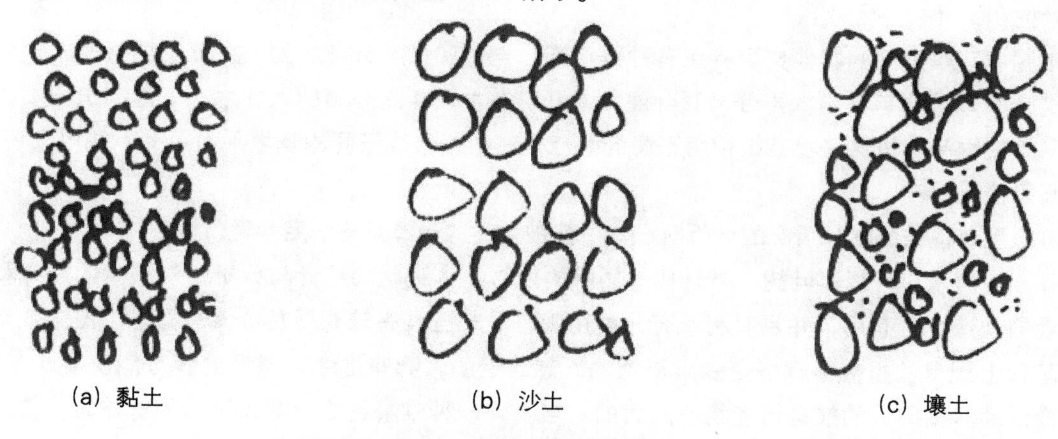

图 4-15　黏土、沙土和壤土的结构

在做基地的土壤调查时，可以用手去触摸、捏、握来感受土壤，如图 4-16 所示。如果土壤质地均匀，既不太松，也不太黏，那就说明这个区域的土壤便于通气透水，是较适宜栽种植物的土壤。如果土壤含有太多的黏土，那么说明土壤的颗粒细、土壤很坚硬或者有较多的块状。虽然这种土壤的保水保肥能力强，但是透水透气性差。如果土壤颗粒较粗、含有太多的沙子或沙砾，就表示土壤的通气性强但蓄水性差，容易造成干旱和营养流失。另外，还可以用 pH 试纸测得土壤是酸性的还是碱性的。

图 4-16　用手检测土壤结构

在了解了土壤的结构后，在基地平面图上标出各个不同位置土壤的具体类型（酸碱性、沙化、黏性等）并手绘相应的基地横截面图，结合照片和文字资料进行分析。

对基地的土壤的调查应包括以下六个方面的内容。

(1) 土壤的类型、结构。

(2) 土壤的酸碱度（pH 酸碱度）、有机物含量。

(3) 土壤的含水量、透水透气性。

(4) 土壤的承载力、抗剪切度、安息角。

(5) 土壤冻层深度、冻土期的起止日期与天数。

(6) 地面侵蚀状况。

西尔兹地产案例：西尔兹地产场地的土壤信息来自1962年加拿大农业部（渥太华）惠灵顿地区土壤图和1994年圭尔夫草场研究院土壤图。地形地貌和土壤信息被叠加在一张图上，显示出地形和土壤之间的关系，以及不同土壤排水性能的差异。

3. 基地的植被及生态情况

后期的设计应结合现有的自然生态条件，珍惜良好的现有的自然生态条件，尊重基地原有的自然环境的生态特征，尽可能地将原有的有价值的自然生态要素保留下来并加以利用，应尽量地保留自然特征，如泉水、溪流、造型树、已有植被、水、地形等，体现对自然的内在价值的认识和尊重。尽量保留自然特征，既能在一定程度上降低投资成本，又能避免为了过分追求形式的美感，对原有的生态系统造成无法弥补的破坏。

调查某地的植被及生态情况，包括以下几个方面的内容。

(1) 绘制场地植被图时，为了系统、方便地记录植被及生物情况，应将植被按结构分类。比较典型的植被结构种类包括森林、植林地、草场、种植地等。每种分类可能还有子类，如森林可能包括落叶树区域和常绿树（阔叶树和针叶树）区域。

在植被图中可以用到的其他典型特点有种群组成、树龄和种类分布。如：大灌木结合乔木、灌木丛、草坪、灌木结合草本植物等，灌木再分出彩叶灌木或开花灌木，爬满蔓藤的大乔木、下雨产生积水的草坪、长势稀疏的草本植物等。将这些植被结构用不同的颜色标在同一张或不同的基地平面图上，并用文字记载数量、分布及可利用情况。

(2) 进行现有植被的生长情况的分析对设计中植被种类的选择具有一定参考价值。

进行乔木、灌木、常绿落叶树、针叶树、阔叶树所占比例现状的统计与分析，对树木的选择和调配、季相植物景观的创造十分有用，并且有利于充分利用现有的一些具有较高观赏价值的乔木、灌木或树群等。应注意观察基地上现有的植被中哪些是令人喜欢的、想靠近的，哪些是令人畏惧或者可能伤害儿童的。例如，种植在儿童活动区域周边的枝是可能伤害儿童的。当发现一种难看的或者令人畏惧的植被时，首先判断它是否健康，尽量通过改变其位置等办法而不是移除或砍伐来解决问题。移除具有保留价值的植被也必须在平面图上标注出来，以确保后期设计的时候不会忽略，同时也要注意尽量利用基地原有的植被。

我们还需要提前了解基地是否存在潜在的生态敏感区域、珍稀物种和濒临物种，以及要特别研究和关注的区域。在城市景观中，有些动物能够与人和谐共存。

有些动物很难被发现，因此就要依据植被的形式推测可能有的动物，所以在平面图纸上动物往往和植被注释在一起，在对应的植物群落中标注可能存在的动物。

西尔兹地产案例：根据2002年Northway影像公司圭尔夫市航拍照片和现场踏勘得到植被和现状使用图（见图4-17），用地内的植被分为农业用地植被、草场区植被、果园植被、高尔夫球场植被、农业林地植被、悬崖植被、滨河植被。在场地中看到的动物包括鲑鱼、加拿大鹅、鹰、山雀、海狸等。

4. 基地的气象条件

基地气象资料包括基地所在的地区或城市常年积累的气象资料和基地范围内的小气候资料两个部分。

在后期进行植被设计时，首先需要参考和了解设计基地的水质资料、土壤状况，以及当地多年积累的气象资料（每月最低最高及平均温、水温、降水量等）等环境因素，合理选择适合基地的植被品种，以保证植被设计的科学性及植被的成活率。

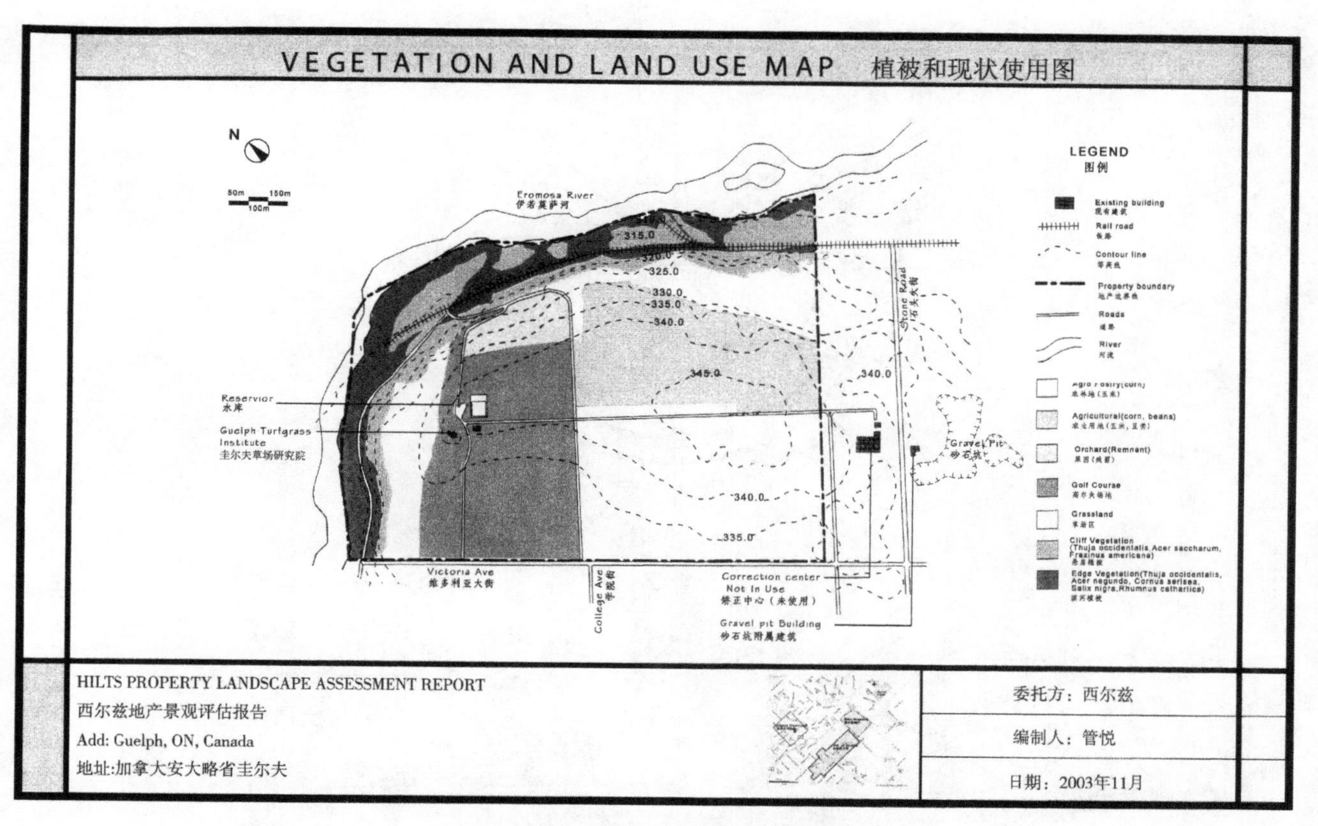

图 4-17 西尔兹地产植被和现状使用图

局域微气候对植被和人们在基地内活动的舒适度有至关重要的影响。因此，了解基地所在地区四季气候的情况是至关重要的。需要注意的是：区域的气候可能会由于基地上特殊的微气候而出现波动；基地的方位和大小也决定了基地上可能会出现多个微气候群。因此，在基地所在区域的大气候下，包含着很多不同的微气候。例如：南向的坡地相对比较温暖；在基地的一个较高点，平均温度就会相对较高。和基地的微气候息息相关的是基地的阴影面和光照区域，气候和光照共同决定了植被的品种和生长情况。当进行植被设计时，就能根据调查的结果来确定不同种类的植被的栽种区域。例如：喜阳性植被栽种在阳光充足的区域。

基地的气象条件包括以下几个方面的内容。

1）日照

气候对景观的影响主要来自太阳的辐射作用。当地球围绕太阳旋转的时候，我们感觉到太阳在天空中移动：从东方升起，在南方达到最高点，然后在西方落下。在同一天中，季节的不同、太阳高度角的不同，都会造成基地内温度、湿度的变化，阴影面积大小、形状的变化等。如图 4-18 所示为太阳高度角和方位图。在不同的季节，阴影面积的大小不同。例如：在夏季，北向阴影面积小，如图 4-19 所示；在冬季，北向阴影面积大，如图 4-20 所示。

当太阳辐射到一个与光线垂直的表面时，表面所接收到的热能最高，也就是说太阳光线与物体表面的夹角越接近垂直，光照的强度就越大。这些能量可用来蒸发水或加热土壤等。这些区域比其他地方更加温暖干燥。一般，南坡的地面会接收到最强的太阳辐射，在场地中南坡比平均状况更干燥和温暖。反之，北坡的地面接收的辐射弱，获得热量少，比平均状况更凉爽和湿润。

了解在不同时间太阳的位置、场地的坡度和坡向，可以知道哪些植被能占据自然中的哪些地段，可以在景观中创造动物的栖息地，可以把室外休息区放在人体感到舒适的地方，根据人的需求在适合的地方栽植适

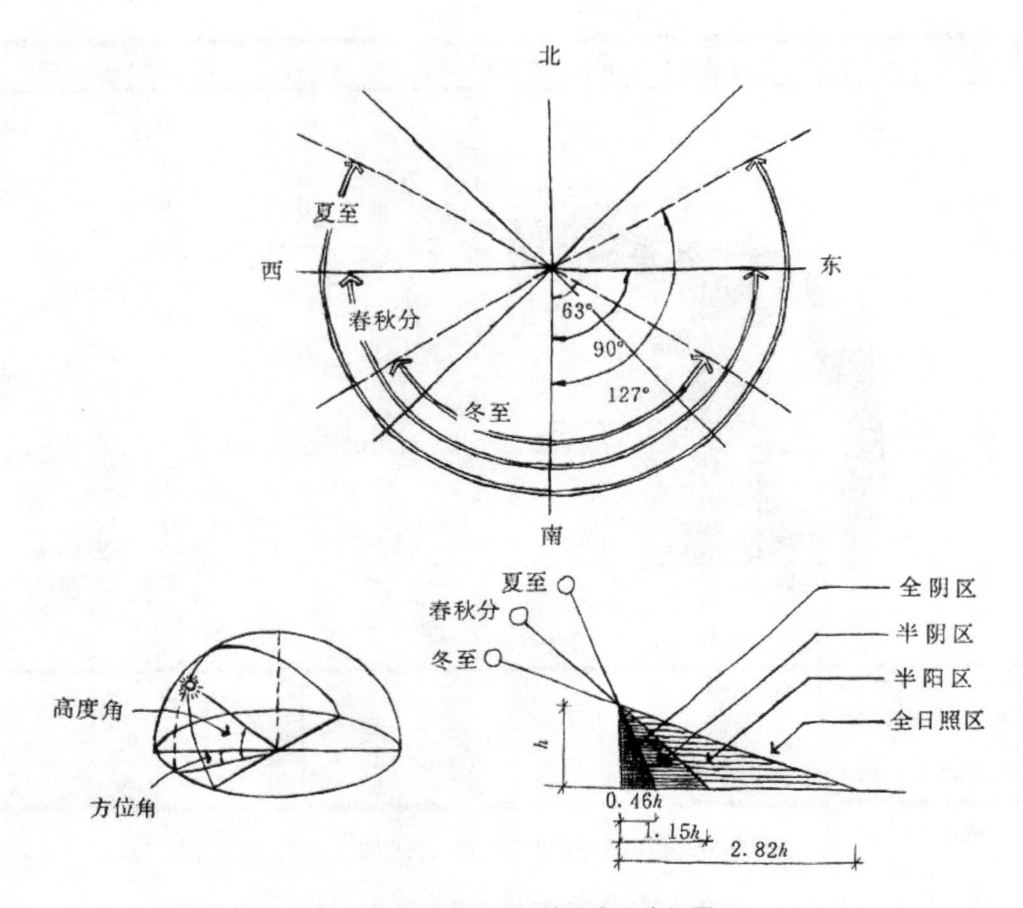

图 4-18　太阳高度角和方位图

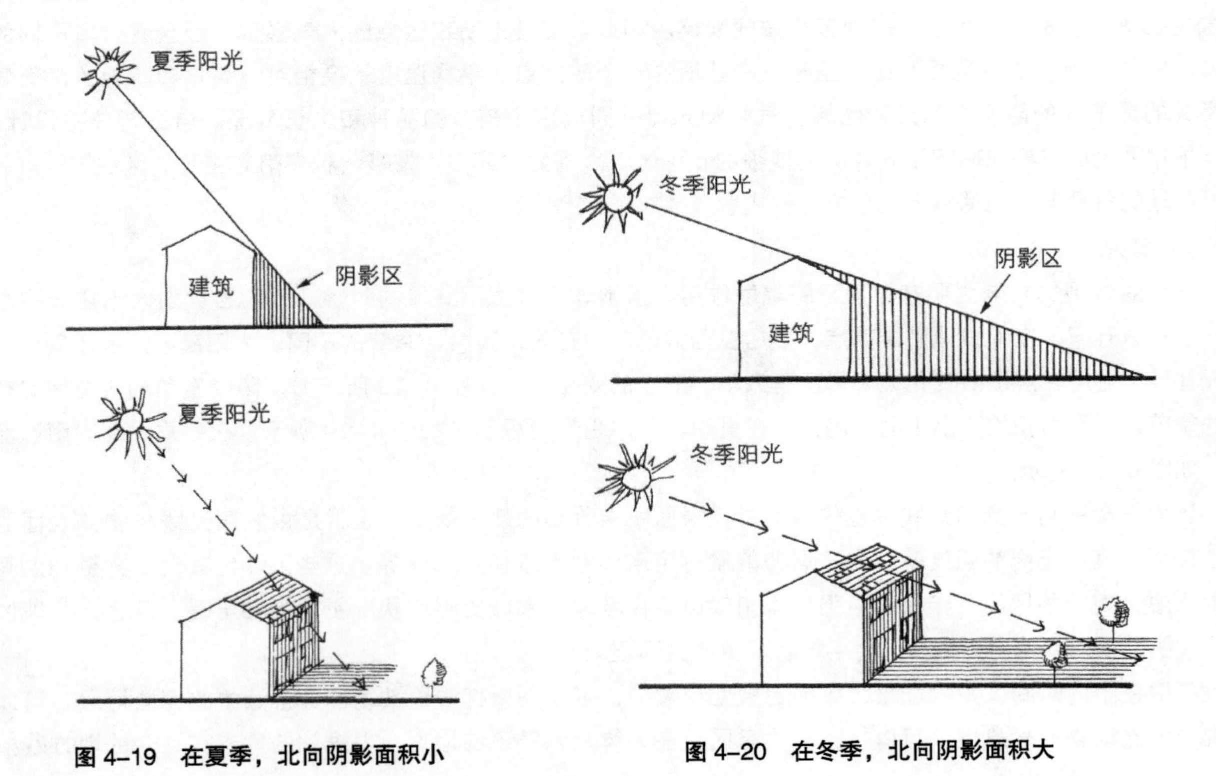

图 4-19　在夏季，北向阴影面积小

图 4-20　在冬季，北向阴影面积大

合的乔木和灌木。

通常：用冬至阴影线定出永久日照区，将建筑物北面的儿童游乐场、花园等尽量设在永久日照区内；用夏至阴影线定出永久无日照区，永久无日照区内应避免设置需要日照的内容。根据阴影图，还可划分出不同的日照条件区，为种植设计提供依据。

2）温度、风、降水

气候对场地特质和场地的使用方式有很大的影响。

温度、风、降水等因素会直接影响到植物是否能够正常生长。例如：现在有不少以东南亚风格为主题的小区景观不分地域地出现在中国北方，在中国北方配置的热带植物在北方寒冷地区过冬时常常面临不能存活的情况，即使存活也需要再耗费不少人力、物力助其越冬，这大大增加了后期维护的成本。当然也有另一种情况：如果将适合在比当前区域更温暖地区生长的植物，种植在场地的向阳处也是有可能成活的。

气候不仅影响植物的生长，而且影响建筑材料的使用，进而影响建筑的风格。在中国西部，日照充足，终年少雨，干燥寒冷，建筑多用石材、砖材，以抵御强风和低温，屋顶平坦开阔，适宜晾晒。而在中国南方大部分地区，气候温和多雨，树木繁茂，木材较为常用，建筑多采用高挑的飞檐以减少雨水对建筑基础的损害。

近年来，气候异常的现象很多，气候更加不稳定，温度更高，风暴更强，降水和干旱也较以往持续时间更长。因此，选择适合场地的植物并布置在适宜其茁壮生长的位置非常重要。本地树种和适宜的栽植地可以减少灌溉和养护工作，节约人力和自然资源。

3）微气候环境

微气候是指一个小范围内的气候与周边环境气候有异的现象。在自然环境中，微气候通常出现于水体旁边，该处的气温较周边的低。植被密集且形成浓密树荫时或两旁有高层的建筑形成“风动效应”时，气温也会较周边的低。而在不少城市内，大量的建筑物会形成另一种微气候，气温会较其周边的高，这种现象被称为热岛现象。

例如：在森林中，如果从中间开一条马路，原本相连的地方就会被切割成两个部分，原本相连的地方被切割，可能会造成其中的微气候改变，造成其连续气候的中断或者改变，而这种改变可能会造成一些物种的消失或者增生。例如：一些对气候变化比较敏感的物种，会因为微气候的改变而消失。

景观基地中的地形起伏、坡向、植被、地表材料和建筑物都会影响当前范围的微气候条件。庭园中的微气候如图 4-21 所示。

调查基地的气象条件应包括以下几个方面的内容。

（1）日照:落影平面图、定出永久日照区、冬至日影图、夏至日影图。

（2）温度、风、降水。可以通过表格形式记录以下内容：年平均温度、最低温度、最高温度（包括月平均）；风向和强度；年平均降雨量、降雨天数、阴晴天数；最大暴雨强度、历时、重现期。

（3）对于关于微气候较准确的数据，要通过多年的观测累积才能获得。获得关于微气候较准确的信息，通常需要随同有关专家实地观察，合理评价和分析基地地形的起伏、坡向、植被、地表状况、人工设施等对基地的日照、湿度、风、温度条件的影响。关于调查微气候，有以下两条建议：第一，建议提前收集当地气象局资料等，参考当地气象局资料对周围环境进行分析并主动观察，在平面图上标出可能产生局部微气候的地区和人体舒适度的分析指数；第二，建议在同一天的不同时间进行多次考察，然后确定每个区域在一天的不同时段的阳光的强度和阴影的大小。同样，要了解基地的排水方式，也建议雨天和晴天各到现场一次。

西尔兹地产案例：从航拍照片以及现场踏勘地形的观察结果可以看出，坡度、坡向和周边的地形状况对局部气候起决定作用。本地区能够得到高密度的太阳光和相对较少的风，因此干燥且温暖。北向的坡地受主

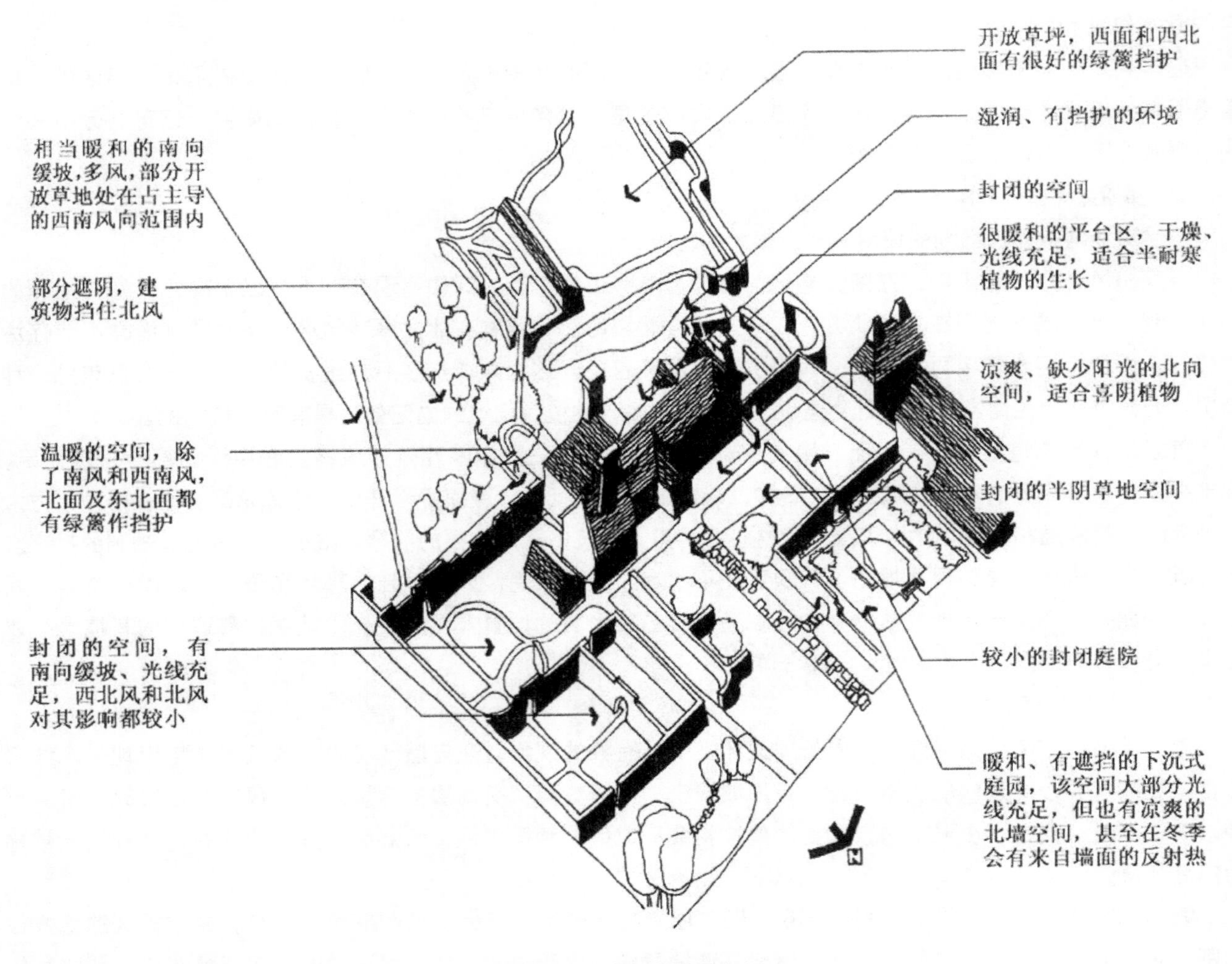

图 4-21　庭园中的微气候

导风的影响较大，同时由于太阳高度角较小，北向的坡地只能得到少量阳光，因此寒冷和相对湿润。山坡上的植被也影响着局部气候，落叶乔木在夏季可以遮挡大量阳光，而冬季则可以让阳光充分照射到地面。常绿树种在各个季节都可以遮挡阳光，尤其可以在冬季阻挡寒风。因为风经过高地时挤压地面，因此山顶区的风比较大。西尔兹地产场地微气候和水文图如图 4-22 所示。

5. 基地的水体

水循环的原理在认识基地景观时非常有用，如图 4-23 所示为水循环示意图。水在景观中的运动是可以预见的。降水或者被地表上的物体截住，或者下渗成为地下水，或者在地表流动。雨水渗透土壤后沿垂直和水平方向流动就形成了地下径流，其流动速度受土壤透水性的影响，一般情况下，地下径流的流动速度比地表径流的流动速度慢。在透水性较好的表面，只有在降雨强度大于下渗率时，即表面必须达到饱和状态后，地表径流才会形成。自然场地的水循环平衡如图 4-24 所示。

水会流向哪里以及在景观中怎样被使用是决定动植物置于哪里的主要因素。土壤的类别和坡度会影响水流入的量和水流出的量。景观中的水和土壤有密切的关系。水在轻质土壤中很容易渗透，在硬质土壤中则很难渗透。在不透水的表面（如铺装地面和屋顶上），径流几乎可以立刻形成。

城市化进程对现有的自然排水系统和人工速成的排水系统有很大的影响。开发建设产生了越来越多的不

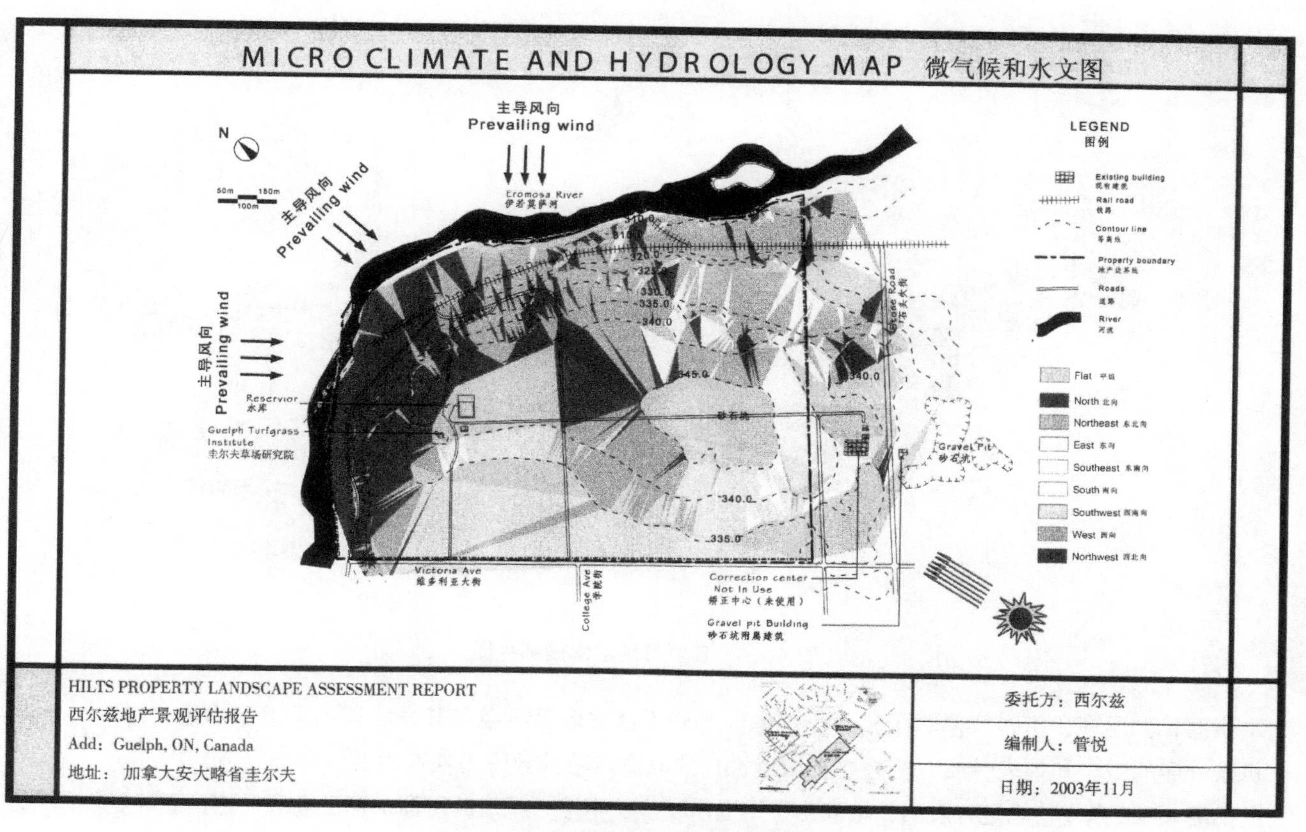

图 4–22　西尔兹地产场地微气候和水文图

图 4–23　水循环示意图

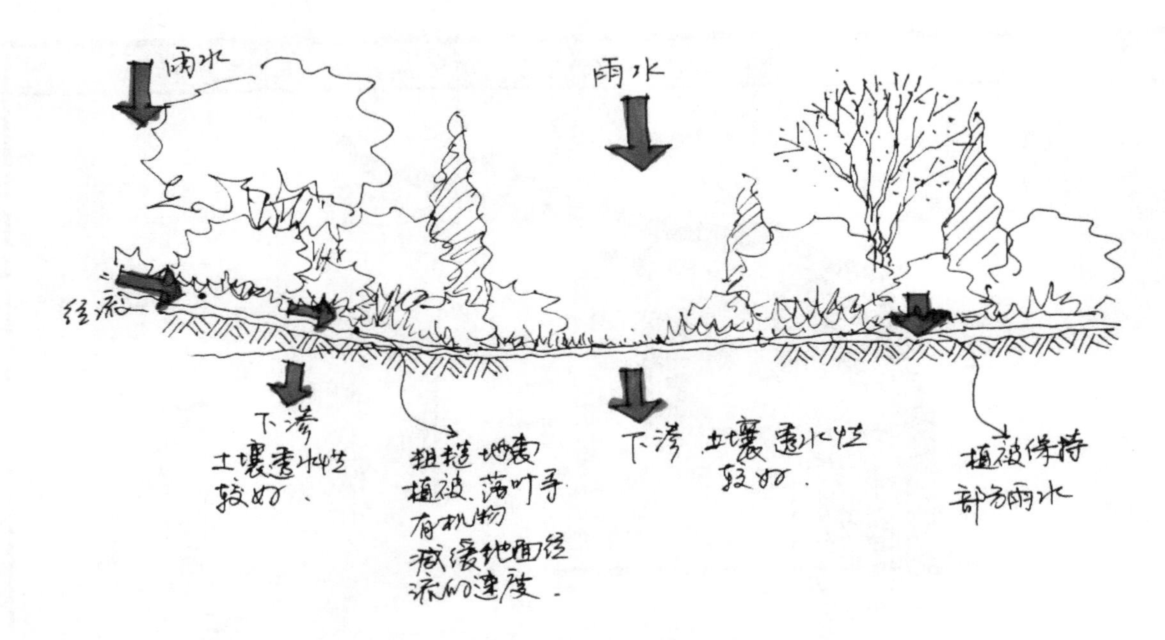

图 4-24 自然场地的水循环平衡

透水表面，如屋顶、街道、停车场和人行道等。这些不透水表面导致了开发场地的天然蓄水能力降低。植被、有机落叶层的减少和地表性质（粗糙度和渗透性）的改变，将导致降雨快速地变成地表径流。

如图 4-25 所示，场地开发后，地表由于不透水减少了下渗，平滑的路面加速了地表径流，破坏了水循环。

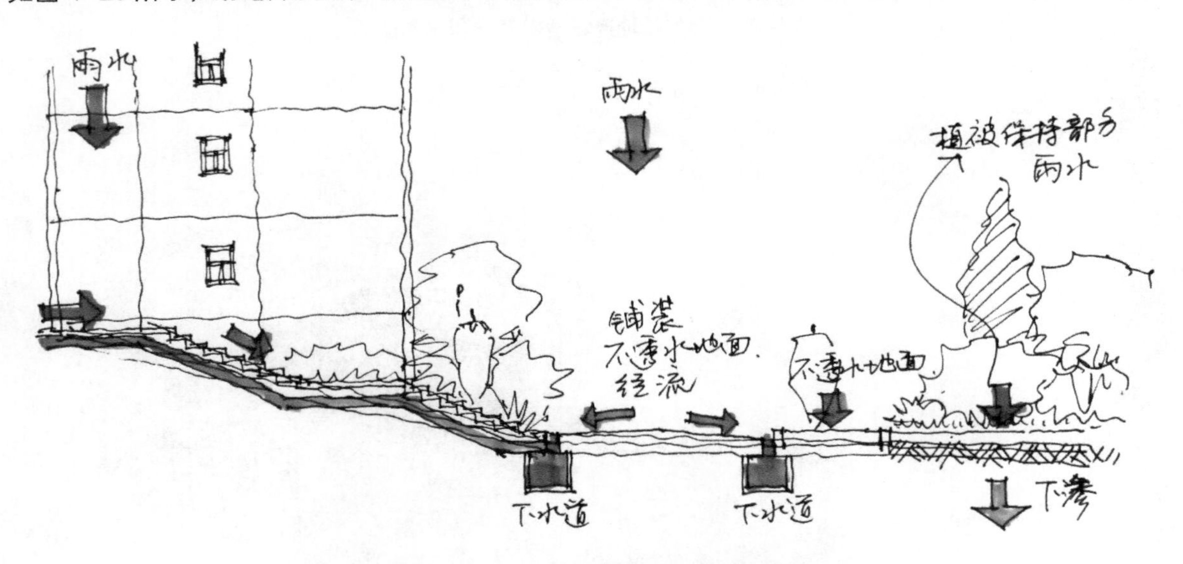

图 4-25 不透水地面破坏水循环示意图

目前，几乎所有的场地开发项目都要对地表进行改造，改变其特征。这些变化可能会在很大程度上加速径流、增加流量、降低渗入土壤或改变植被吸收的雨水径流的比率、改变雨水流动的方向，从而破坏自然界的水循环。

景观设计师的责任是通过合理的雨洪管理和土地利用，将对自然界的破坏最小化并且改善被破坏的状况。

基地水体的调查与记录具体如下。

可将基地中现状水分静水和流水两个方向进行调查。水体调查和分析有以下几个方面的内容。

（1）了解现有水面的位置、范围、平均水深，常水位、最低水位和最高水位，洪涝水面影响的范围和洪水水位。

（2）了解水面岸带的情况，包括岸带的形式与受破坏的程度。

（3）了解地下水位波动范围、地下常水位、地下水质。

（4）了解现有水体的水质状况、影响水面的污染源的状况。

（5）了解现有水面与基地外水系的关系。

（6）结合地形划分出汇水区，标明汇水点、排水体、汇水线。场地自然排水分析示例如图 4-26 所示。

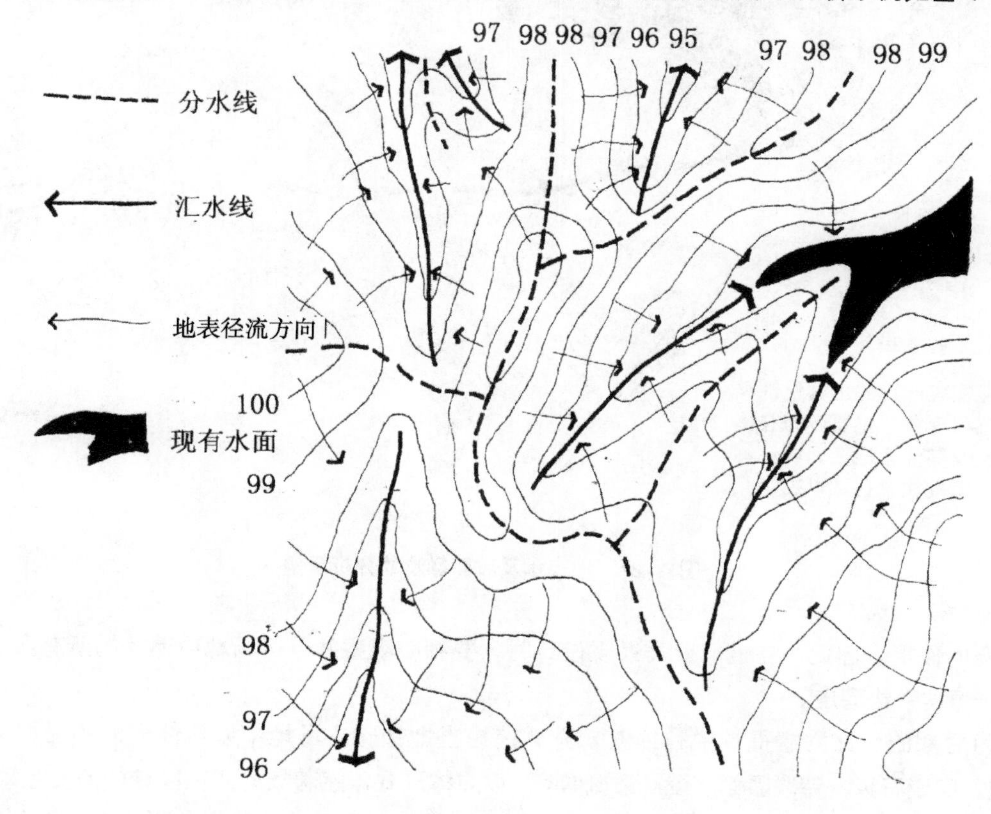

图 4-26　场地自然排水分析示例

将以上基本信息结合文字记载在基地平面图上。为了表达得更清楚，还可以绘制剖面图。地表水及坡面影响的分析示例如图 4-27 所示。

西尔兹地产案例:场地北面有伊若莫萨河，河岸附近还设置了一些排水道。伊若莫萨河是一条小支流，汇入主河道。除此之外，草场研究院附近可见一些灌溉设备。

（三）社会需求与感官分析

1. 社会需求

我们之所以要了解社会需求，有两个方面的原因。

第一，要尊重并延续场所精神，重视历史文化资源的开发与利用。在历史的发展、变化过程中，应保持和延续场所精神，尤其是在城市更新和遗址类景观的设计中，要注意保护场地中的历史文化资源，因为它们不仅是我们民族的物质财富，而且是精神财富、城市建设史的见证和实物遗存，对城市文明史的追忆探索和

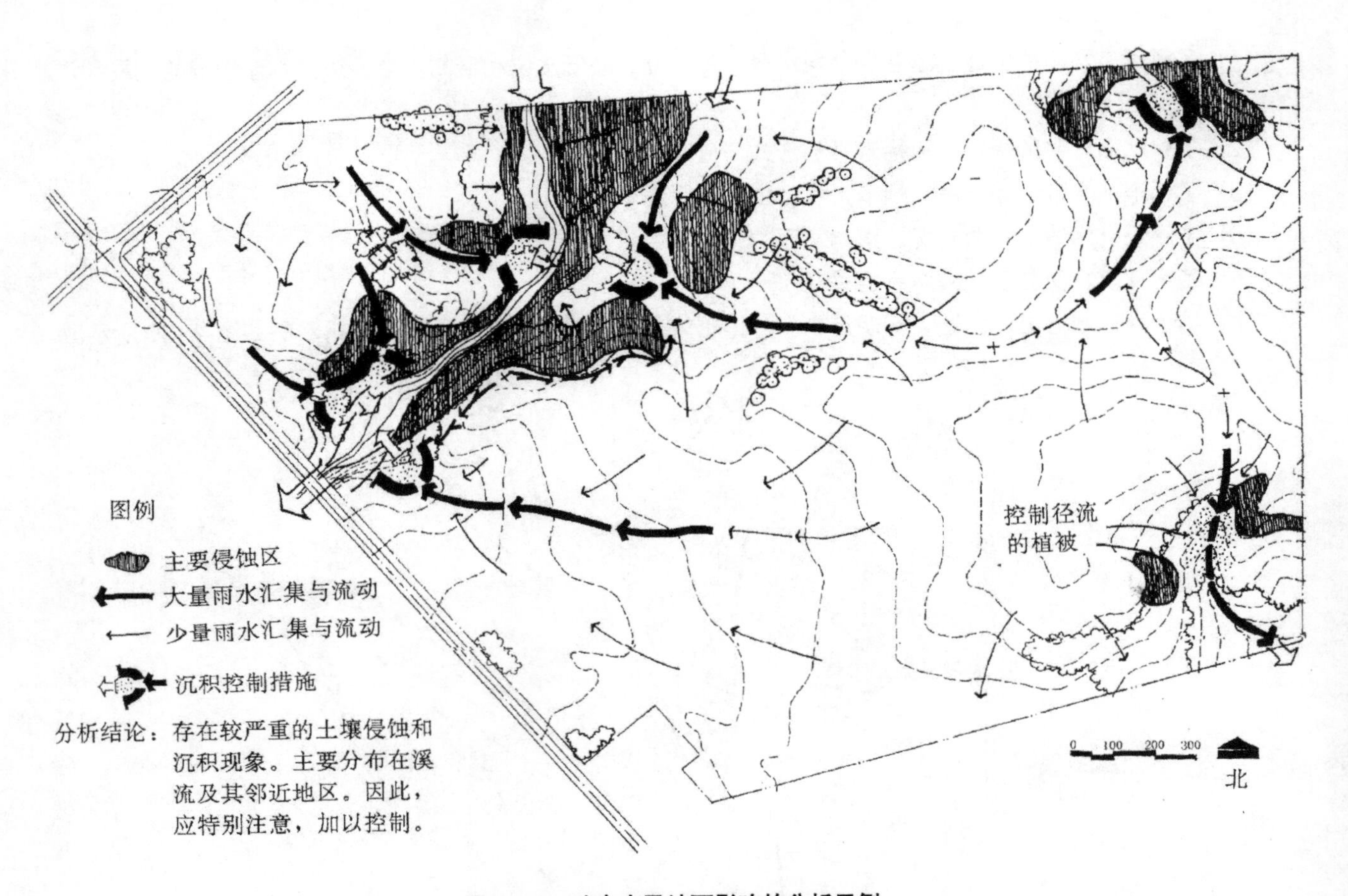

图 4-27 地表水及坡面影响的分析示例

发展有着重要的作用。因此，在进行此类景观设计时，要细心观察并分析场地中遗存的所有实物，不能让任何有价值的资源从手边溜走。

第二，为后期的设计立意提供主题线索，充分挖掘当地文化。场地中以实体形式存在的历史文化资源(如文物古迹、摩崖石刻、诗联匾额、壁画雕刻等)，以虚体形式伴随着场地所在区域的历史故事、神话传说、名人事迹、民俗风情、文学艺术作品等，都可为园林景区或景点景观立意提供主题线索。如果能够充分地挖掘出场地中的文化因素，那么景观主题的准确定位就不再是景观设计师所面临的棘手问题了。

社会需求的调查与记录具体如下。

(1) 在平面图中标出具有人文价值的景观，并配以文字说明和实景照片。

(2) 从人文、环境和经济等多个方面分析和说明社会需求。

(3) 了解基地对当地有什么样的人文价值、是否满足周围居民对绿地的需求、是否带动了周围经济发展。

(4) 了解是否存在周围交通问题、是否满足防汛要求等。

(5) 调查并记录有价值的人文和景观元素，如树木、动物生活的迹象、人走过的路径、重要的人文构筑物和风景等。

2. 感官分析

感官分析是将实验设计和统计分析技术应用于人类的感官的一门科学，其目的在于评估消费品。将感官分析用于对基地的调查与分析中，有利于我们获得对基地知觉环境的评价。

感官分析的对象有以下三类。

（1）基地现状景观。从形式、历史文化、特异性方面来评价现有的植被、水体、山体、建筑等景观的优劣，将评价结果标在基地平面图上，同时标出主要景观的平面位置、标高、视域范围。

（2）基地外环境景观，即介入景观。在图上标出基地外的可视景观和具有发展潜力的景观的确切位置、视轴方向、视域、清晰程度，并做出简略的评价。

（3）其他知觉环境。除了可视景观外，还应了解基地外的其他知觉环境。例如：噪声的位置和强度，噪声和盛行风向的关系；基地外空气或水体污染的位置、主要污染物及其影响范围、是处在基地上风还是下风。可结合基地微气候的调查结果，形成对基地总体感受的评价。

感官分析的调查与记录具体如下。

感官分析通常指的是在考察基地的步行环境中可能会发生的感官刺激，大多指视觉、听觉、触觉、嗅觉这四个方面上的。例如：脚下的质感，风声、水声、植物散发的芳香和汽车排放的尾气等。

（1）视觉分析：记录我们看到了什么；什么吸引了视线；主要有些什么颜色和纹理；空间尺度如何；视域是封闭的，还是可以穿越到空间外。通过视觉判断好的景观和坏的景观，标出位置，标注程度评价（如差、一般、好、较好、最佳等）等。视觉分析示例如图 4-28 所示。

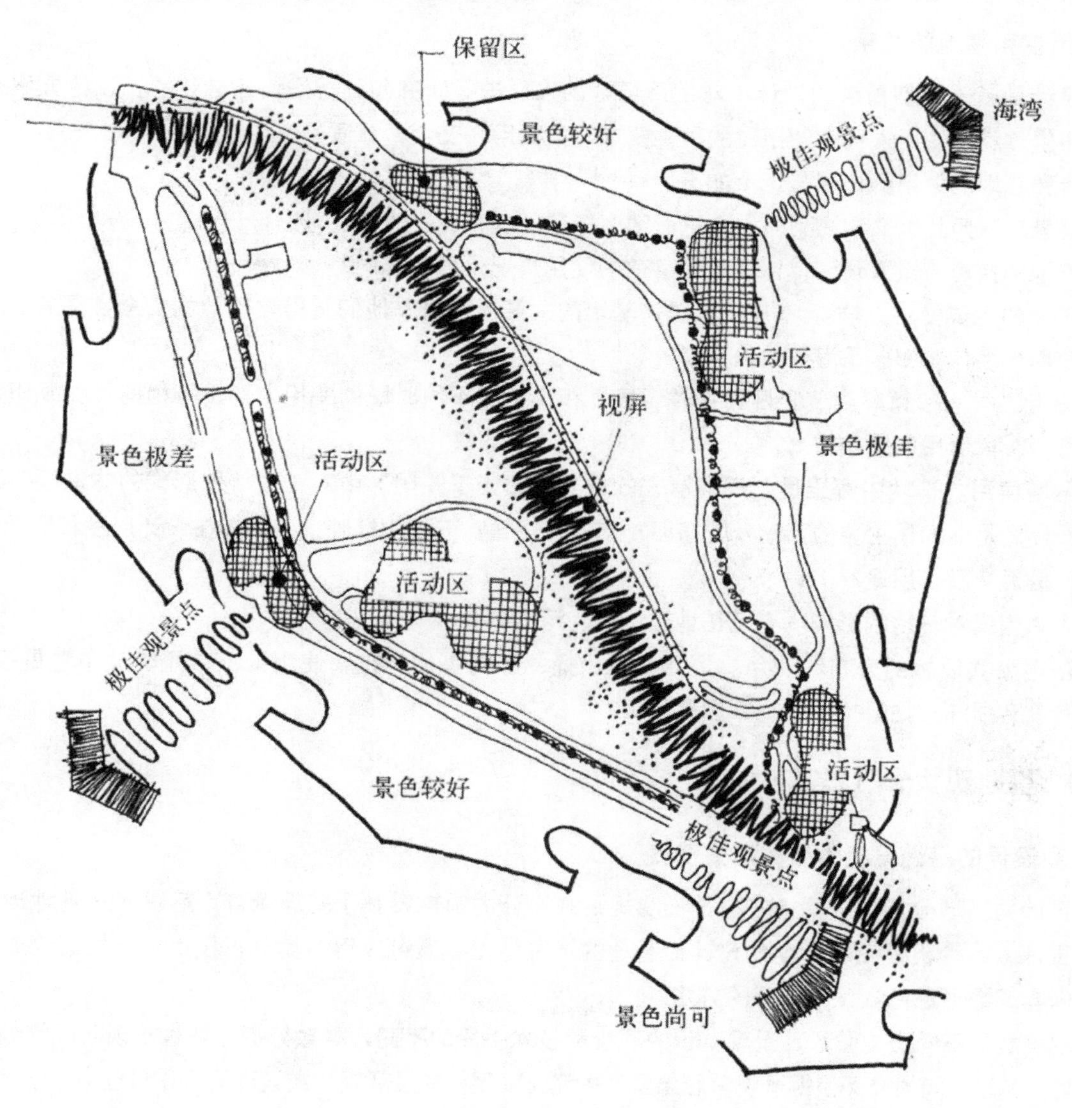

图 4-28　视觉分析示例

(2) 听觉分析：把眼睛闭上，用耳朵去聆听自然界的声音（如植物被风吹过沙沙作响的声音、雨落在水面或者石板上的声音、鸟鸣的声音等）和外界噪声（如汽车行驶经过的声音、周围基地发出的声音等），并了解声源在哪里、这些声音是让你平静还是不安、其他人是否和你有相同的感受，然后标记出听到声音的位置。另外，可用符号表示声音的强弱以及是柔和的还是刺耳的，用文字评价。

(3) 触觉分析。通过身体接触不同的材质带来的感觉：感受到了怎样的纹理、温度和品质？能否感受到空气流动或温度的变化？这些触感让你有什么感觉？例如：道路不同的铺装材料所带来的不同感受；随手可触的自然界植物或者人工景观所带来的不同感受（光滑、粗糙、柔软、坚硬、尖锐等）。

(4) 嗅觉分析。闭上眼，用鼻子去闻这个地方：闻起来是新鲜的、令人窒息的、陈腐的、清新的还是素雅的？这里是否适合吃东西或喝点什么？我们能通过嗅觉察觉到植物气味、空气污染、水体污染变质的情况等。对于部分气味浓烈的植物，感受评价会因人而异。

每次去基地都记录下喜欢或者不喜欢的区域或者地点，同时也记录下在场地各个不同区域的不同感觉。例如：让人的心情平和、宁静的区域，让人想在这个地方活动的区域，让人想带朋友来野餐或看书的区域。对基地的感觉非常重要，它们会在后期设计的时候帮助我们决定如何对基地进行功能分区。

3. 使用者和基地的关系

景观设计是基于人们需求的设计。对使用场地的人群进行研究和分析是很有必要的，设计方案必须反映使用者的愿望，满足使用人群在使用时的种种要求，如实用、安全、舒适、美观等。

使用者和基地的关系的调查与记录如下。

本项信息采取照片、文字、列表、在平面图上标记位置和评价的方式来进行记录。

(1) 基地的持有者或管理者，以及基地目前的使用情况是怎么样的？

(2) 基地的主要使用人群。哪几类人群是基地的主要使用者？他们觉得该基地的安全性是怎么样的？他们是如何使用基地的？哪些是潜在的使用者？

(3) 使用的时间和频率。节假日和平时、早晨和晚上等不同时段的使用人群是否相同？如果不是，为什么不同？哪些时段使用的频率较高？

(4) 基地使用。基地中哪里是人们喜欢去的地方？阳光下？阴影中？某些特殊形式的休息区？还是随便什么地方？什么是他们最主要的活动？吃东西？交谈？观望？下棋？打盹？是否存在设计用途和实际使用不一样的情况？是否有潜在用途？

(5) 人为因素对基地的影响。有无基地被侵蚀、污染和破坏等情况。

(6) 基地公共设施的分布和使用。例如：垃圾桶、座椅等的分布和使用情况；照明的布置是否合理等；公共设施有没有损坏？如果损坏了，原因是什么？

(四) 基地现状分析总结与建议

1. 景观设计的基地分析方法的历史演变

景观设计的基地分析方法是指在进行景观规划或设计的前期，基于基地调查之后进入对基地现状的分析阶段，为更深入地得出后期对基地的设计或管理的发展结论，通过应用各类分析技术、分析理论或工具对已有的客观内容或数据进行认识和理解的方法。

在景观发展的不同历史阶段，景观认识的理念和技术手段的不同，导致分析方法也出现阶段性的差异。当前，景观学与各学科间的交叉使得景观学思想呈现多元化发展，在景观规划或设计的操作过程中，所采用的景观分析方法也多种多样。按照时间顺序，可将景观规划或设计的基地分析方法的发展分为六个阶段，如表 4–1 所示。

表 4-1　景观规划设计分析方法的六个发展阶段

时　间	发展阶段	方法特征	主要分析内容
17 世纪以前	西方传统园林阶段	以视觉分析为特征	与视觉分析有关的分析内容：视线分析，平面构图分析，人的行为活动分析，地形的分析及处理
17—18 世纪	自然风景园林与城市公园阶段	以改善城市环境为目的	设计基地地形分析及人的行为活动需求分析
19—20 世纪	新艺术运动园林阶段	以艺术表现为特征	平面构成分析，功能分区分析，植物生态习性分析，光影分析，植物色彩搭配分析
20 世纪初—20 世纪 60 年代	现代主义园林阶段	以创造性功能空间为特征	包括以上 3 个阶段中的分析内容以及功能空间营造分析
20 世纪 60—80 年代	生态主义园林阶段	以千层饼分析法为代表	土地适宜性分析及土地利用分析
20 世纪 90 年代至今	多元化发展阶段	多种分析法并存	分析法内容同时兼顾生态、人文、美学等，相关的分析方法有 SWOT 分析法、三维度分析法、千层饼分析法等

2. 基地分析方法的介绍和使用

在进行景观设计课程的基地分析时，建议学生将千层饼分析法和 SWOT 分析法结合（即在千层饼分析法的基础上使用 SWOT 分析法并做总结），从而得出对基地未来规划或设计的进一步建议。

从 20 世纪 60 年代起，尤其是 20 世纪 70 年代的两次世界能源危机事件敲响了人类未来的警钟，一系列环境保护运动兴起，人们开始考虑将自己的生活建立在对环境的尊重之上。这时，伊恩·麦克哈格在《设计结合自然》中提出生态规划方法的核心在于："根据区域的自然环境特征与自然资源性能，对其进行生态适宜性分析，来确定土地利用方式与发展规划，从而使对自然的开发利用与人类活动、基地特征、自然过程协调一致。" 伊恩·麦克哈格系统地阐述了一种新的景观规划分析方法——千层饼分析法(又称为叠图分析法)。千层饼分析法是景观学发展历史上第一个专门用于景观规划的分析方法，它提供了一个系统的生态环境的评价准则，使景观分析走向客观、更具科学性。千层饼分析法是指通过考察和分析生态环境中的各个因素，以图示的办法来表现每个因素在基地的状态，然后将各个因素和图示进行层层叠加得出基地现状的总评估的一种方法。分析图应包含以下内容：基地位置和内容分析、土地适宜性分析及土地利用分析、基地的地理和地质情况分析、光影分析、生态和植物的现状分析、植物色彩搭配分析、使用者和基地的关系、人的行为活动分析、感官分析、视线分析、功能分区分析等。

西尔兹地产案例：将之前的各类分析图重叠，简化和归纳所有分析得到结论。本案例中，将住宅开发的气候适宜性作为综合景观单元的主要评判指标，依次考虑局域气候、地形地貌、使用状况、水文、动植物、土壤等其他因素，将场地分成不同适宜性的 9 个景观单元，作为开发建议的基础，如图 4-29 所示。

SWOT 分析法是一种企业常用的竞争情报分析方法，是市场营销的基础分析方法之一。所谓的 SWOT 分析法，就是指通过调查和罗列被研究对象的优势（strengths）、弱势（weaknesses）、机会（opportunities）和威胁（threats），对被研究对象进行深入全面的分析以及竞争优势的定位，然后制定被研究对象未来的发展战略的一种方法。这种方法最早是在 20 世纪 80 年代，由美国旧金山大学的管理学教授 Albert Humphrey 提出来的。20 世纪 90 年代开始，这一方法慢慢地在景观设计分析中得到广泛使用。

SWOT 分析可以分为个两个部分进行：第一部分为 SW，SW 主要用来分析内部条件，着眼于基地的现有条件与其竞争对手或先进发展趋势的比较；第二部分是 OT，OT 主要用来分析外部条件，强调外部环境的变

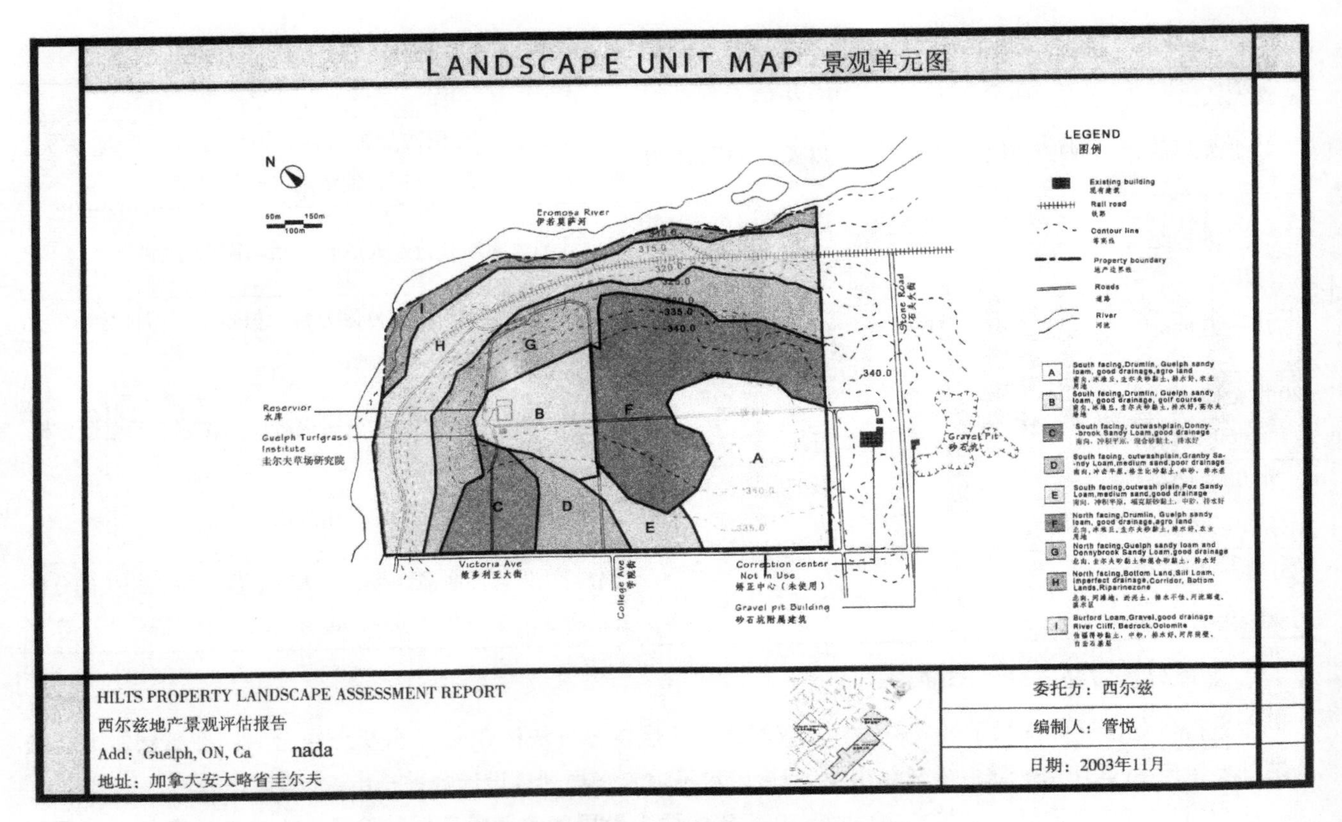

图 4-29　西尔兹地产景观单元图（叠图分析）

化及对基地产生的可能影响，如政治、经济、社会、文化等方面的影响。

优势因素通常是指区位优势（有良好的地理位置）、资源优势（有良好的自然及人文景观）、公共设施较好等。

弱势因素是指公共设施的不完备、使用者行为对基地的破坏、基地功能不足等。

机会因素是指人们生活水平逐步提高和环保意识增强，人们对自身的健康与生活质量的要求、国家及地方性的相关政策等。

威胁因素是指对基地没有进行足够的宣传、活动缺乏策划、基地管理人员素质不高、缺乏建设资金的投入等。

总的来说，在景观设计课程的场地分析中所被建议的完整分析顺序是：在细致的场地调查后使用千层饼分析法进行图纸的绘制和分析，得出多样化和多层次的分析结果之后，用 SWOT 分析法进行总结，从而得出进一步的设计建议。

3. 基地现状的修整和发展建议

西尔兹地产案例：此案例没有进行 SWOT 分析，仅用了叠图分析的方式进行分析并提出了发展建议。9 个景观单元中：A、B、C、D、E 地块为平坦南向地块，从微气候原理来看，这些区域干燥温暖，冬季较少受到主导风的侵扰，因此比较适合地产开发；H、I 地块为河道廊道和过渡区，属生态敏感区，应保留生态多样性，尽量减少人为干扰，避免开发；F、G 地块为北向区域，不宜进行地产开发，建议在 G 区域建设防风林，减少冬季主导风对中心地区的影响。

如果继续使用 SWOT 分析法，在分析的基础上用 USED 分析法来得出发展建议，那么发展建议将更加详细、更加有针对性，条理更加清晰。要注意的是，发展建议要与之前提出的 SWOT 分析法的每一点相对应：How can we Use each Strength？ 如何善用每个优势？ How can we Stop each Weakness？ 如何阻止每个弱点？ How can we Exploit each Opportunity? 如何成就每个机会？ How can we Defend against each Threat? 如何抵御每个威胁?

4. 景观设计中 SWOT 分析法及 USED 分析法的使用案例

以某一虚拟的城市公园的基地为案例，以表格的形式（见表 4–2）更清楚地表达 SWOT 分析法的使用和对以后设计的建议。

表 4–2　某城市公园基地分析和建议

SWOT			USED	
内部条件	优势S	拥有良好的地理位置	发展区域优势，设置更便捷的公共交通工具	善用U
		拥有受保护的历史建筑物和相对野生的森林	充分利用资源优势，开展森林内活动项目	
		设置有儿童游乐场	开发儿童游乐场的趣味性和多样性	
		设置有多样化的公共体育运动场	提高公共体育运动场的使用率	
		有风光优美的自然湖泊	增加钓鱼等活动，吸引更多的使用者	
	弱势W	没有咖啡厅或茶吧等休闲饮水设施	添加咖啡厅、茶吧或者直饮水处	停止S
		破旧且没有绿化的停车场	增加更多的植物，修建绿色停车场，同时增加摄像监视设施	
		主入口大门比较破旧，入口氛围不突出	修整入口，增加更明显的指示牌等	
		夜间主干道照明不足	提高主干道的夜间照明，同时削弱其他区域的夜间照明，在主干道设置摄像监视设施	
		垃圾箱经常爆满和座椅不足	根据人群的使用，调整垃圾桶清理的周期，同时在主要活动区增加座椅	
		植物的品种比较单一，缺少变化和趣味性	添加更多品种和色彩的植物，尤其是本地植物和草本花卉类植物	
		游园道路过于崎岖	增强游园道路的流畅性和循环性	
外部条件	机会O	丰富的周边居住人群可成为潜在用户	基地对周围社区开放，开展更多样化的社会活动，例如邀请附近学校参与种植等自然活动	成就E
		遛狗等活动人群的增加	可在森林设置专属宠物活动区域并提供训导服务，以既能满足其他人群的安全要求又能增加经济收入	
		体育运动基地的更良好的利用	开放体育运动基地并举办比赛，以既能吸引更多人群又能增加经济收入	
		青少年活动对基地的使用	规划可供滑板活动或攀爬墙等青少年感兴趣的活动区	
		清晨和夜晚基地的潜在使用	规划专属的道路和时段，吸引更多慢跑者、散步者使用	
	威胁T	草坪的维护费用过高	减小草坪的面积，增加更多的花卉草本类植物	抵御D
		湖泊的水质逐渐变差	进行周期性的湖泊清淤，促进水生动植物生长	
		湖泊的驳岸和部分道路在丰水期有破损趋势	—	
		现有植物的生长情况有变差的趋势以及野生动物栖息地减少	周期性对植物进行维护，增加植物的多品种和本地性	
		历史性的景观风格逐渐消失	以修旧如旧的态度来返修历史性景观	

5. 基地未来发展战略或者策略

通过之前的基地现状分析总结、基地现状的修整、发展建议和相似案例研究和分析，得出一个基地未来如何发展的结论，分点详细说明：应如何实施 USED 分析法的结论，以及可采取怎样的步骤等；如何实施或应用案例中学习到的内容等。

第三节 景观方案设计

一、 功能图解设计

设计的研究和准备阶段结束后，景观设计师应对设计方案中所涵盖的各个元素进行更深入的设想和构思。结合甲方的设计任务书，景观设计师应能立即了解哪些元素和功能是甲方和使用者最期望的。这些甲方和使用者最期望的功能要在设计中得以实现。

场地中的这些甲方和使用者最期望的功能需要多大的空间尺度以及它们之间的关系如何是景观设计师必须了解的。景观设计师必须保证功能的合理性，尽可能地利用基地条件。每个场地的设计都可以有多种方案，景观设计师需要在通过对多种方案进行比较拼合，综合出最佳的方案并加以完善，形成初步设计。

（一）功能图解

在做功能分区时，景观设计师应用许多气泡和图解符号形象地表现出设计任务书中要求的各个元素之间以及基地现状之间的关系。功能图解必须以基地分析图和基地设计评价图为基础。

功能图解是要以功能为基础做一个概念性的布局分区设计，为设计提供一个组织结构，是后续设计过程的基础。在进行功能图解时，不考虑具体外形和审美方面的因素，它主要是研究功能和与总体设计布局相关的多个要素。

功能图解是融合场地相关信息和景观设计师思想的概念性方案。景观设计师通过这种图形语言能快速地将早期的构思或图像画面形象化，从而就基地的功能组织问题与其他同行或业主交流。由于功能图解是景观设计师随手勾画的抽象图形，所以改动起来十分容易。这有利于景观设计师探寻多种方案，最终获得一种合适的设计方案。功能气泡图如图 4–30 所示。

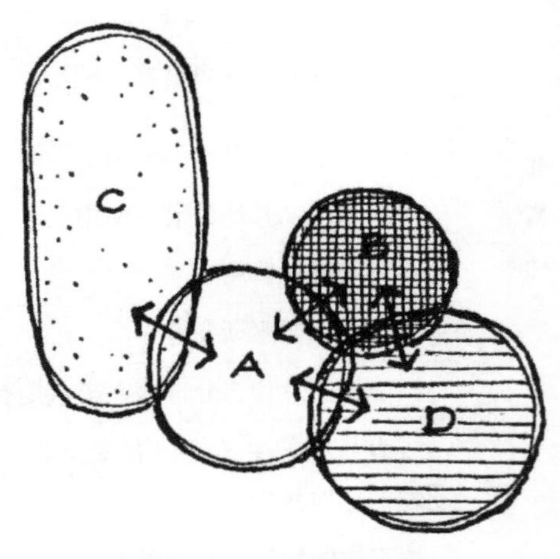

图 4–30　功能气泡图

（二）合理的功能关系

景观设计师在完成对场地的一系列分析与研究后，就要开始搞清楚各项设计内容之间的关系，在因地制宜地利用场地现有的条件的基础上保证各种不同的活动、内容之间的序列和完整性。设计合理、正确的功能分区是非常重要的，合理、正确的功能分区在接下来的设计中起决定性的作用，设计的外观（包括形式、材料和图案）都不能解决功能上的缺陷，所以设计的一开始就必须要有一个合理、正确的功能分区。

基地中的每一个空间和元素的位置都应该与相邻的空间和元素有良好的功能关系。那些必须协同工作的功能区域或相互依赖性较强的功能区域应该紧挨着，而那些不相兼容的功能区域应当分开。对有些空间和元素的功能关系，景观设计师很容易做出判断，而对另外一些景观设计师需要仔细研究一番才能做出决定。

我们可以将所需的功能列出并编号，用符号标注其强弱关系。如图 4–31 所示，由强至弱的关系为：4 与 1 最强，4 与 3、4 与 2 其次，最弱的是 1 与 2、3 与 5，1 与 5、1 与 3、2 与 5 没有关系。景观设计师明确了各项功能之间的关系及其强弱程度后，就可以进行用地规划、平面布置工作了。

景观设计师还可以根据用地需要解决问题的重要程度依次进行功能分区。如图 4–32 所示，点代表需要解决的问题，箭头示其属性。当布置平面时，景观设计师可先从理想的分区出发，然后结合具体的条件定出分区，如图 4–33 所示。

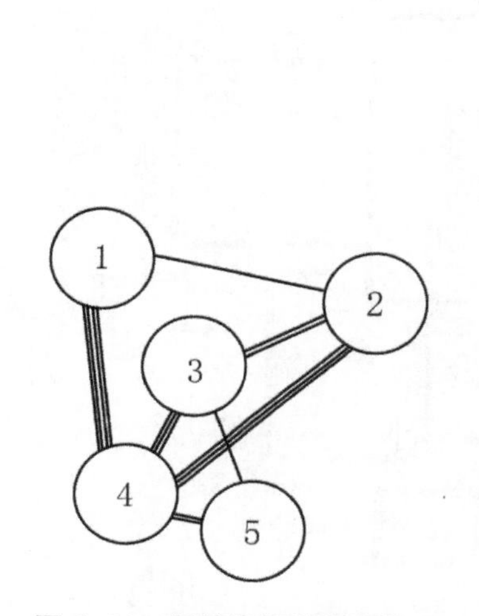

图 4–31 用符号标注强弱关系

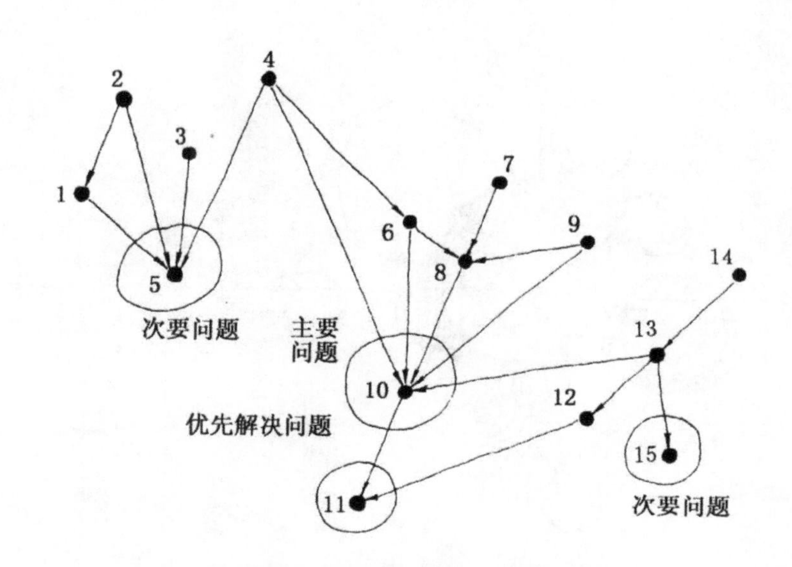

图 4–32 用图解排列需要解决的问题的次序

景观设计师也可以从功能区着手功能分区：先将所需布置的内容排列出来，用粗框表示其主要内容，再对各内容及其关系进行分析，找出它们之间的逻辑关系并进行分组，最后综合考虑功能相互关系后定出分区。如图 4–34 所示为从内容出发解决功能关系。

在这一设计过程中，景观设计师应该尝试对空间之间的关系进行多种不同的组合，并不断推敲，这样就会从错误中发现新的功能关系，如图 4–35 所示。所以，在设计的早期阶段不要害怕犯错。

在学习的初期，景观设计师最常犯的错误就是一拿到设计项目，就在平面上画很具体的形式和设计元素，甚至在功能还没有敲定的情况下就开始着手材料的确定、图案和绘制。新手们往往会尽可能地使设计看起来“真实”，在功能考虑还不是很充分的情况下就赋予高度限定的形式。一般来说，可以在图中表现一些草坪、林地、水等，但没有必要喧宾夺主地表示一些细节。过早关注太多细节会使景观设计师忽略一些潜在的功能关系。不仅如此，太早地确定细节在设计方案的不断修改中会浪费过多的时间。平面画得越详细，设计更改

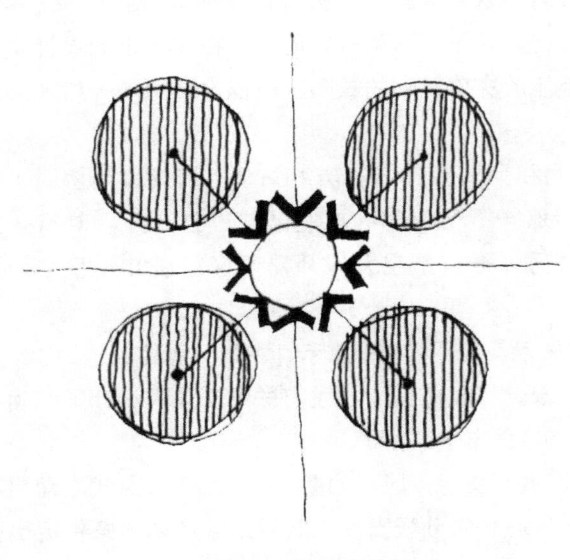

(a) 抽象、理想的关系

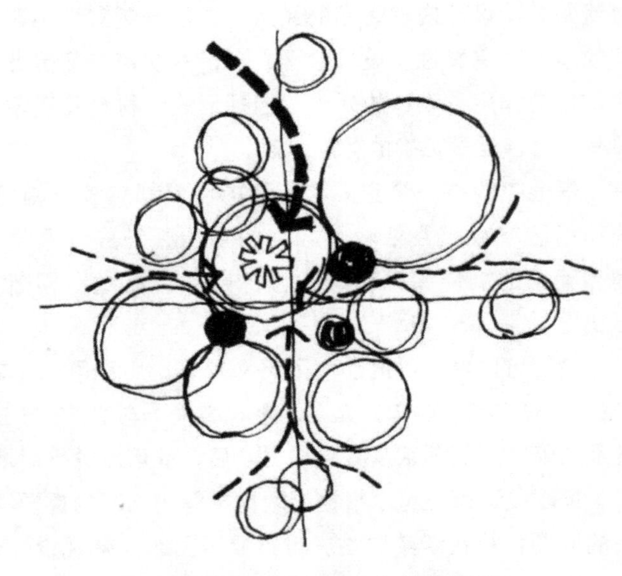

(b) 解决矛盾，提出一些基本构思

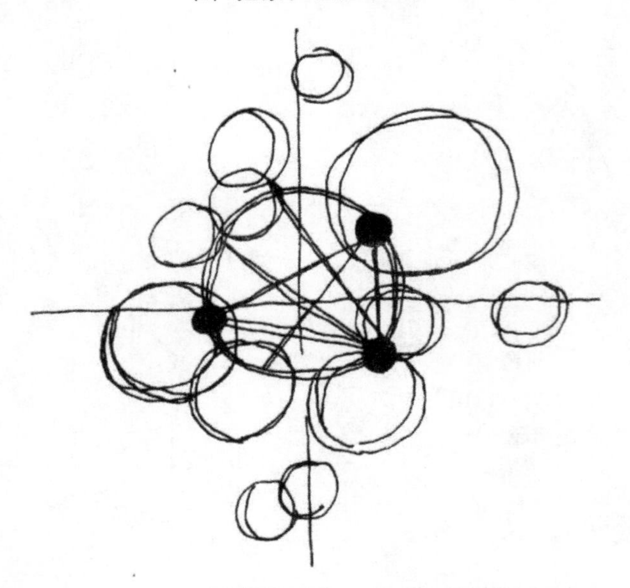

(c) 考虑相对的尺寸以及主要交通

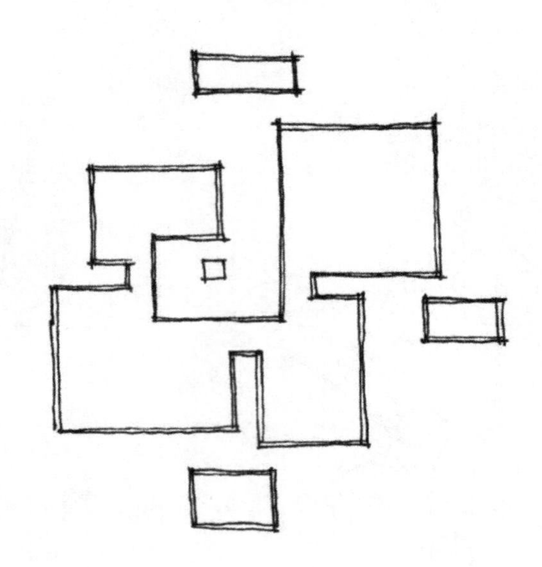

(d) 平面较为肯定的方案

图 4-33　从理想关系着手进行功能分区

时重画一张平面就越费时。在每个设计阶段，平面都会有变更，但是在初始阶段，如果用抽象的功能图形合适地组织总体功能的话，改动起来就十分迅速，耗费的精力也少。抽象的功能图形如图 4-36 所示。

尝试不同的选择对景观设计师的成长非常重要，这有助于景观设计师形成新的构思。具有快速而简单的特征的功能图解，往往激发景观设计师去尝试不一样的方案。

二、平面方案形式

在功能用图解的方式确定下来后，设计概念就可以向更具体的方向推进了。将那些代表概念的圆圈、箭

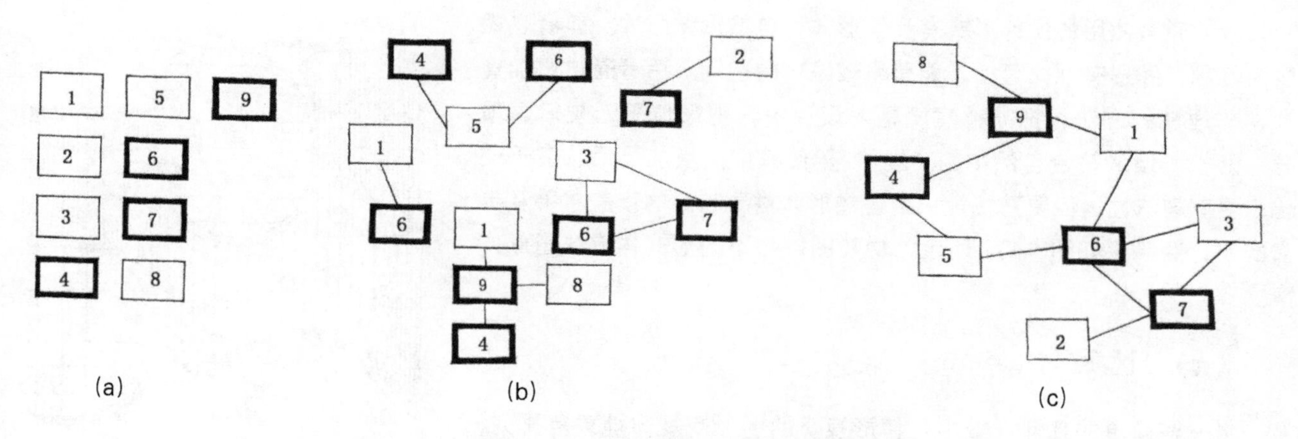

(a)　　(b)　　(c)

图 4-34　从内容出发解决功能关系

+ 便于进入购物中心
+ 私密空间远离主街
– 通过私密空间进入餐馆
– 公共空间与停车场和人行道没有连通
– 主要交通要经过半私密空间

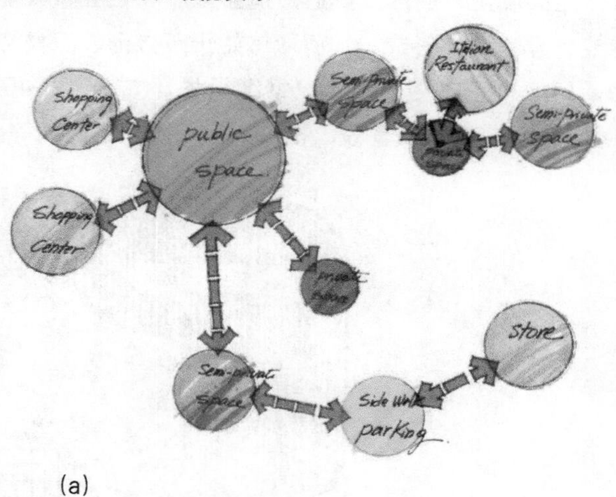

(a)

+ 便于进入购物中心
+ 私密空间远离主街
– 通过半私密空间进入餐馆
– 公共空间与停车场和人行道相通
– 主要交通要经过公共空间

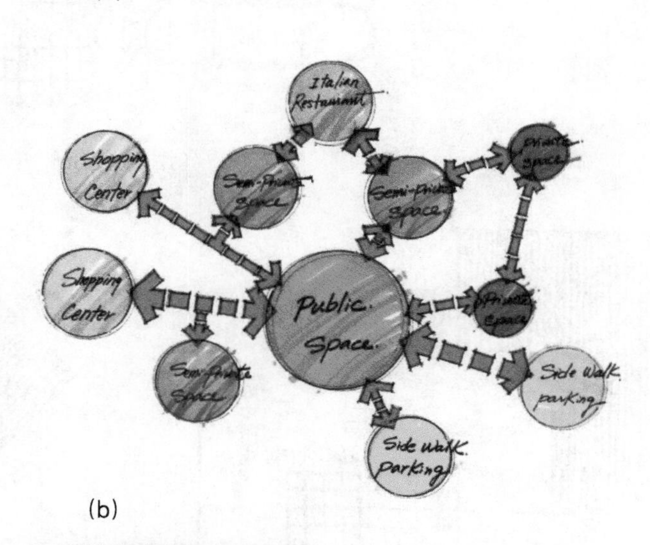

(b)

图 4-35　不断推敲功能间的关系

头等变成具体的形状，实际的空间就形成了，精确的界限就被绘出了，实际物质的类型、颜色和质地也就确定了。

概念的设计思想通常是调查的逻辑结果，但美的构图形式却不能从逻辑分析中直接产生。逻辑分析属于抽象思维，平面构图的形式属于形象思维，二者要并行。

我们通常使用的设计形式有几何形体和自然形体两种。前者以逻辑为基础，图形有规律可循，能获得较统一的空间。后者通过更加直觉、非理性的方法，把某种意境融入设计中，图形似乎无规律、琐碎、随机，但又符合自然中的“规律”，使其空间更加灵活、富于变化、更有趣味性，但要熟练地应用自然形体需要较高的审美水平及丰富的设计经验。如图 4–37 所示为功能图解与不同形式构成的图形方案。

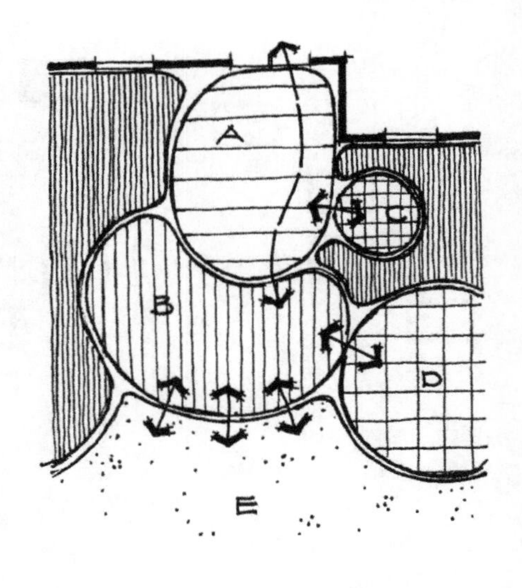

图 4–36 抽象的功能图形

（一）几何形体

将一些简单的几何形或由几何形换算的图形有规律地重复排列，就会得到整体上高度统一的形式。通过调整大小和位置，就能从基本的图形演变成有趣的设计形式。几何形体始于正方形、三角形、圆三个基本图形。每一个基本图形都可以继续衍生。如矩形、45° /45° 三角形 / 角线、半圆、圆弧切直线、相接圆、椭圆、螺旋线等。

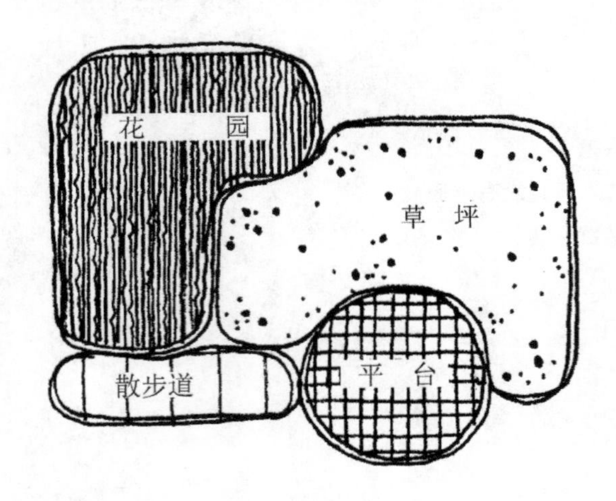

(a) 功能图解

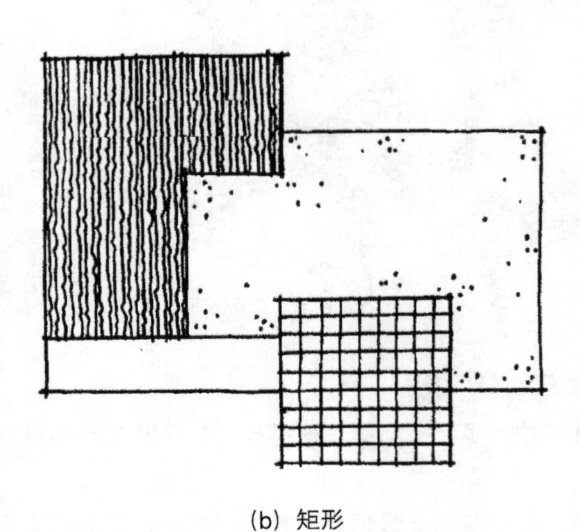

(b) 矩形

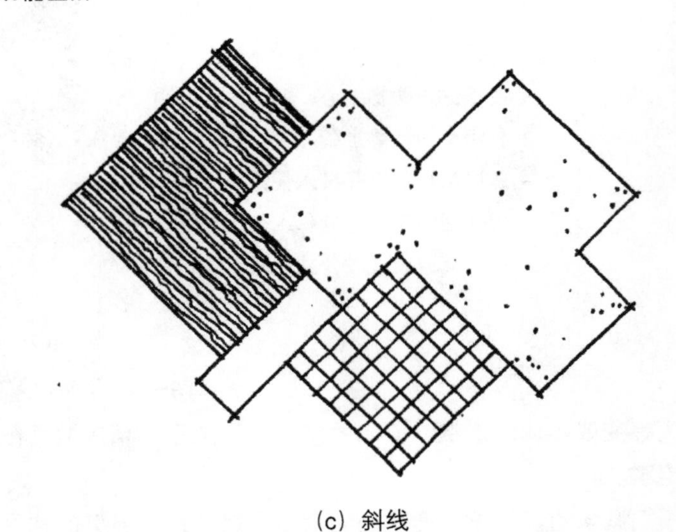

(c) 斜线

图 4–37 功能图解与不同形式构成的图形方案

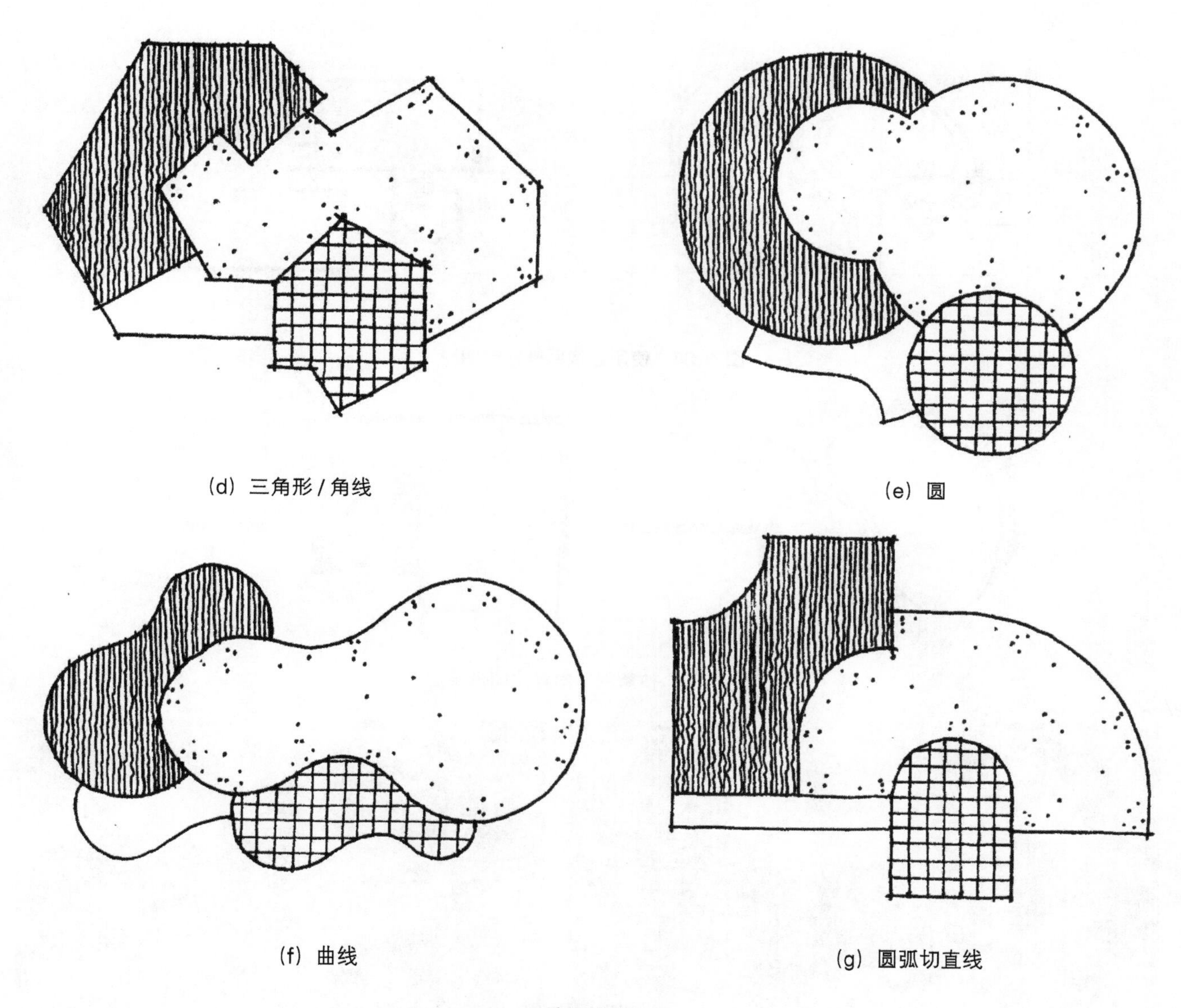

（d）三角形 / 角线　　（e）圆

（f）曲线　　（g）圆弧切直线

续图 4–37

1. 矩形

矩形是最简单和最有用的设计图形，既适合地势平坦的场地，也适合坡地。它与建筑的形状相似，与建筑物最相配。所以，在建筑环境中，矩形是景观设计中最常见的组织形式。矩形景观简单，但通过对边、延长边、轴线、延长轴线、对角线、延长对角线等进行设计，也能设计出一些不寻常的有趣且丰富的空间。

用直线网格引导概念性方案即功能图解时，这些粗略的形状可以迅速地转变为可用的形式，如图 4–38 所示。

在图 4–39 中，概念性方案里抽象的圆圈和箭头分别代表功能性分区和运动走廊。在绘制的矩形主题图形中，新绘制的线条代表实际的物体，是实物的边界线，显示出从一种物体向另一种物体的转变，或一种物体在水平方向的突然变化。虚实线的箭头变成了有边界有宽度的道路，遮蔽物符号变成用双线表示的墙体边界，焦点符号变成了小喷泉。这一变化并不只是图形形状的变化，而是抽象向具象的转变，是二维空间向三维空间的转变。这些简单的矩形组织形成了墙体、地面、顶棚、设施，在三维空间里水平空间的变化、立面样式的不同、材质的选择让景观产生了更丰富的效果。矩形方案实例如图 4–40 所示。

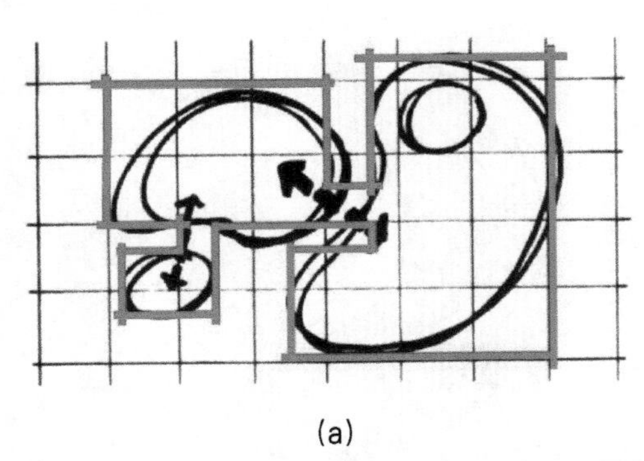
(a)

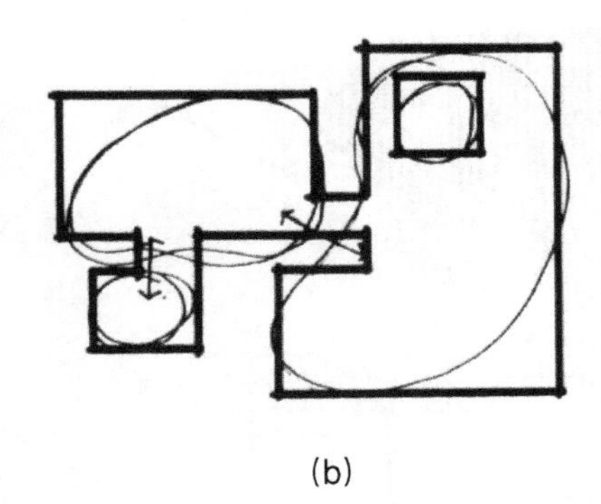
(b)

图 4-38　使用直线网格绘制图形

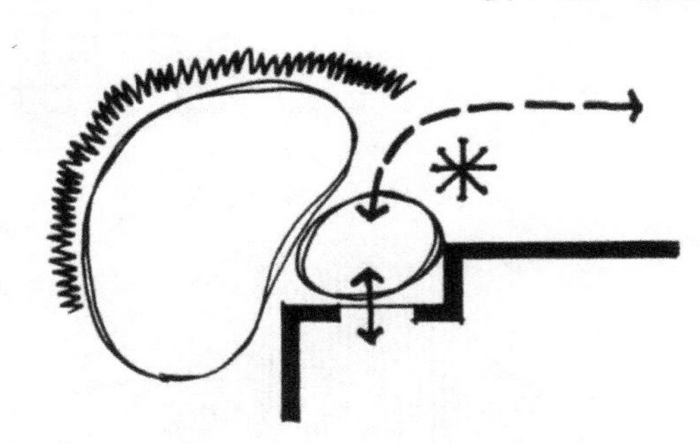

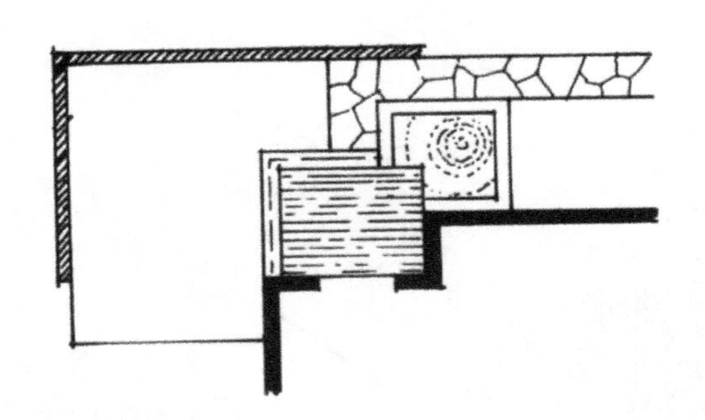

图 4-39　抽象图形向具体图形转变

(a)

(b)

图 4-40　矩形方案实例

在设计中使用矩形主题时，要注意以下几点。

(1) 大小多样。在矩形主题中，会使用大量的长方形和正方形来形成视觉趣味，同时会在构成中按空间重要性形成层次。最重要的空间应采用最大最突出的形式，而次要的空间则采用较小、较不突出的形式。

(2) 形式的比例。要仔细考虑尺度，太多的短线或小的形式会使设计显得琐碎、缺乏联系，而且在实际中难以维护。

(3) 各种形式之间的叠加。当几个形式相互叠加时，将重叠的部分限制在连接图形大小的 1/2、1/3、1/4 内，这使得每个图形都能保持自身的可识别性，并为集中使用留出空间，如图 4-41 所示。

矩形主题除了能很好地过渡室内与室外的空间外，在基地较窄或呈带状的时候使用也是很合适的，它能充分、有效地使用有限的空间，不像使用曲线形那么浪费。当出现了一些在视觉上不太合适的直角时，使用

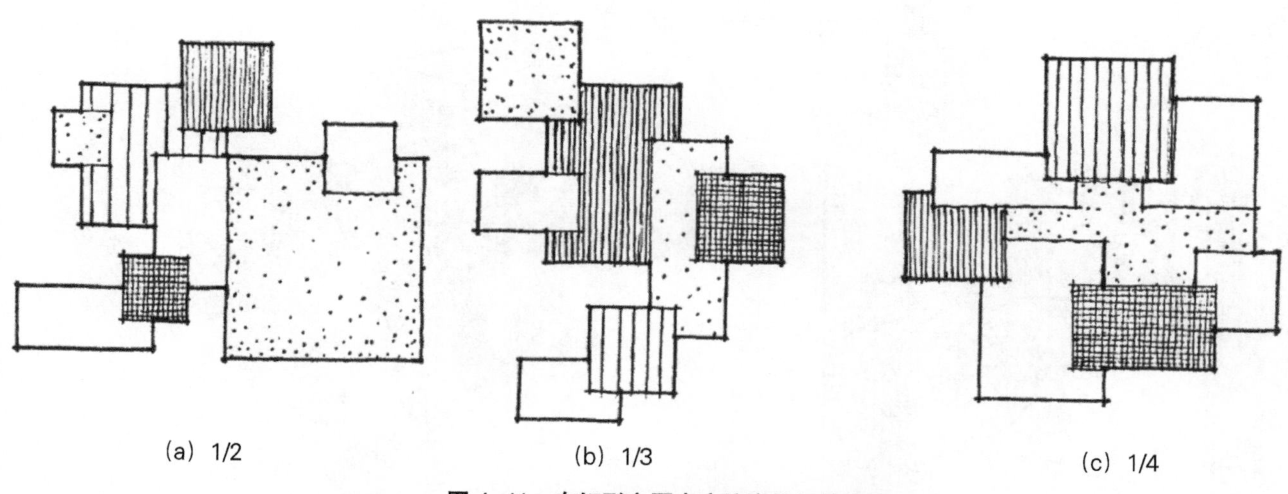

图 4-41　在矩形主题中应注意叠加的度

适当的围合和自然形态的植物来修饰，可以使得三维空间更加生动，如图 4-42、图 4-43 所示。

2. 三角形

三角形的主题带有运动的趋势，能给空间带来某种动感，随着水平方向的变化和三角形垂直元素的加入，这种动感会更加强烈。三角形主题变化丰富，有 45° 斜线、角线、六边形等。

图 4-42　荷兰锈蚀钢板天桥公园

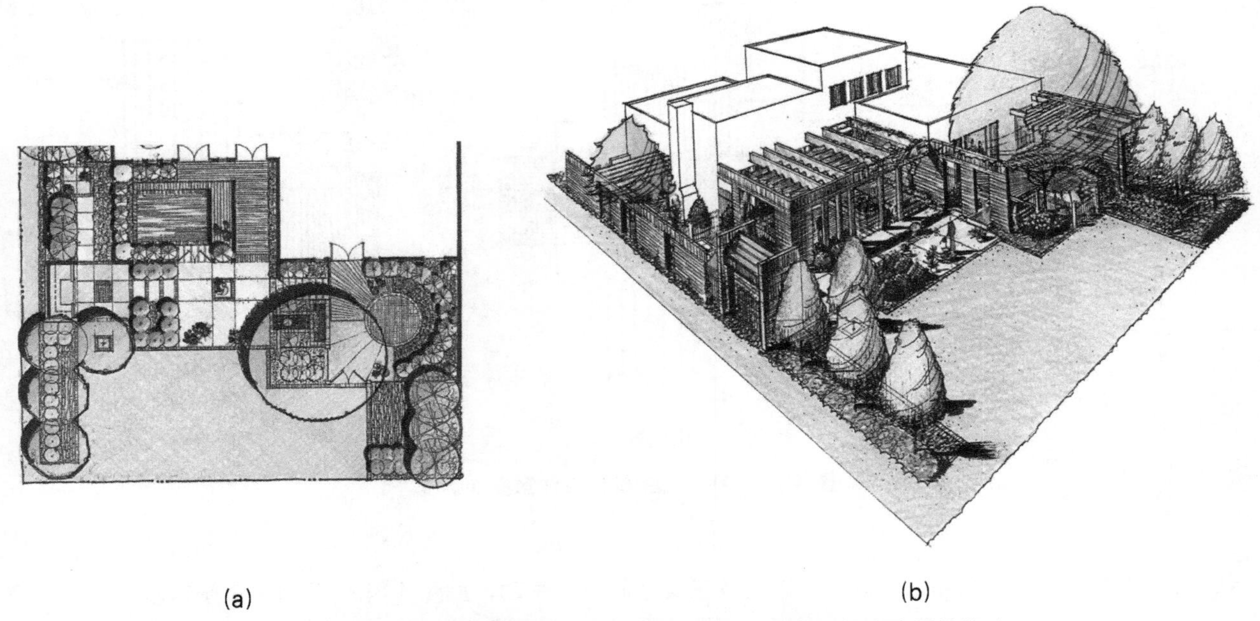

(a) (b)

图 4-43 在三维空间中使用多样的矩形围合，会给人带来愉悦的体验

斜线主题的原则与矩形主题的原则十分相似。一般常选用的倾斜角度有 45° 和 60° ，这两种角度与圆和方的几何性密切相关，有助于减少锐角。斜线主题在平坦的场地更能体现其特性。

利用斜线网格能快速引导的图形设计（见图 4-44）。设计时可以采用纯粹的斜线，也可以采用斜线为主、与矩形结合的主题。

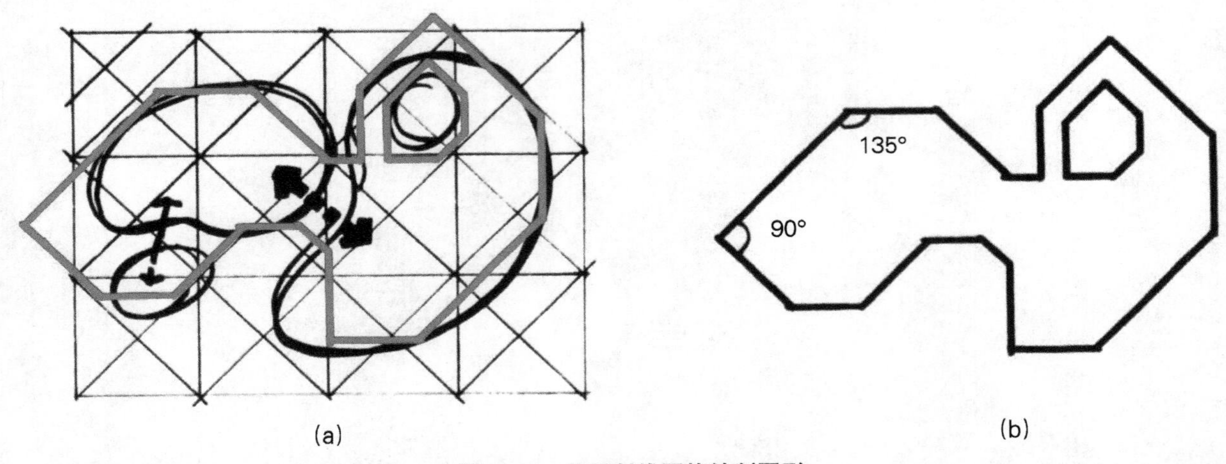

(a) (b)

图 4-44 使用斜线网格绘制图形

斜线的布局有利于减轻窄小基地的局促感。与建筑和控制线垂直的矩形布局相比，斜线的布局能获得更长的长度，既使空间看起来更大、更宽敞，也使空间看起来更加灵活。采用斜线的布局时，倾斜角度的确定也可以是出于对景观视线、采光朝向、夏季通风的需要。

需要注意的是，当在空间中出现 45° 锐角时，就会产生一些在功能上不可利用的空间。所以，要避免使向内的转角为 135° 。45° 斜线主题如图 4-45 所示。

角状的形式由一系列角线组成，这种由直线和多边形构成的图形极具动感。这一主题形成的棱角适合一些不规则或恶劣的地形，以形成粗犷的风格，如图 4-46 所示。线条要么平行，要么垂直，要么与主要建筑或

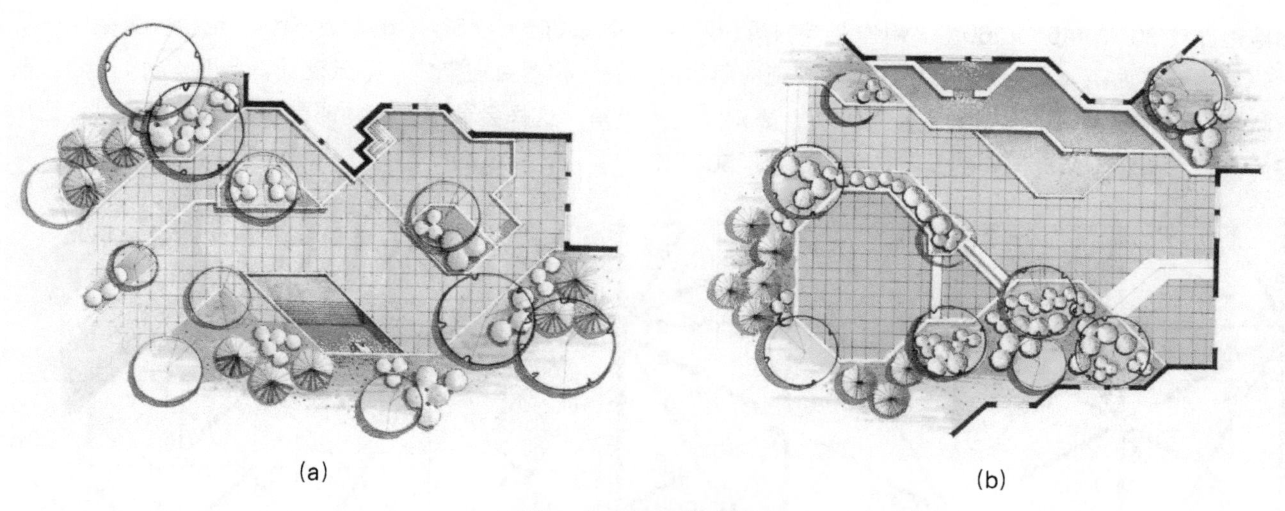

(a)　　(b)

图 4-45　45° 斜线主题

(a)

(b)

图 4-46　沃斯堡流水公园

场地边界成 30° 、45° 、60° 。用作引导的角线网格（0° 、30° 、45° 、60° 、90° ）也相较复杂但有规律，角线网格如图 4-47 所示。用这种有规则的角线网格会让构图更加整体、不显混乱，如图 4-48 所示。在角状的主题设计里，应尽可能地使用钝角，要避免使用锐角，这样会减少设计构成在使用和维护阶段可能出现的问题。角状主题运用实例如图 4-49、图 4-50 所示。

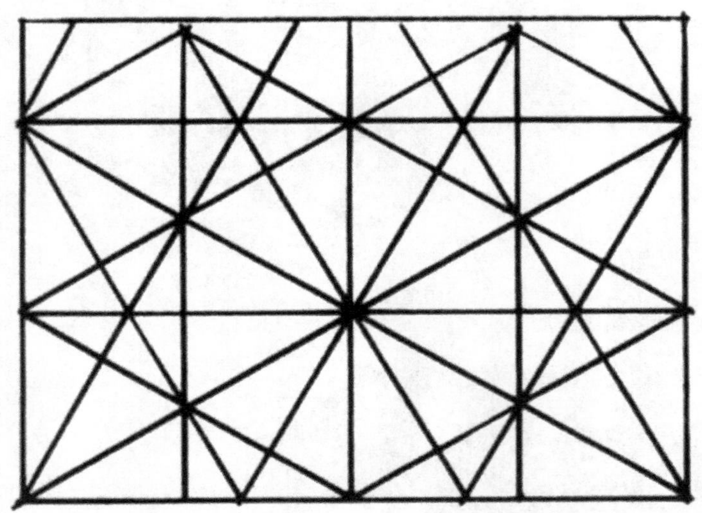

图 4-47　角线网格

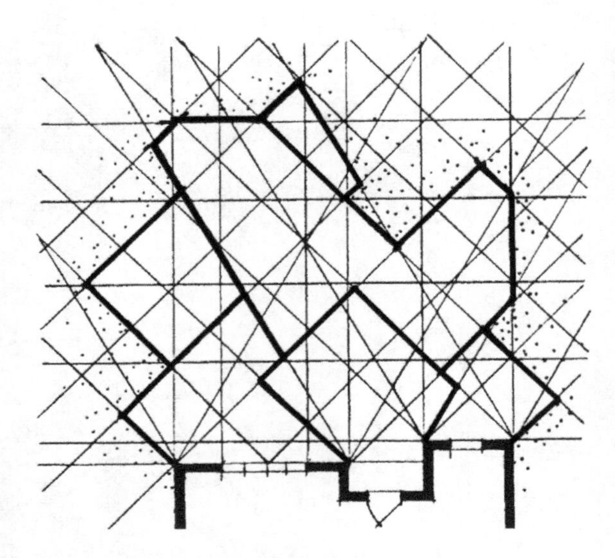

图 4-48　使用角线网格绘制图形

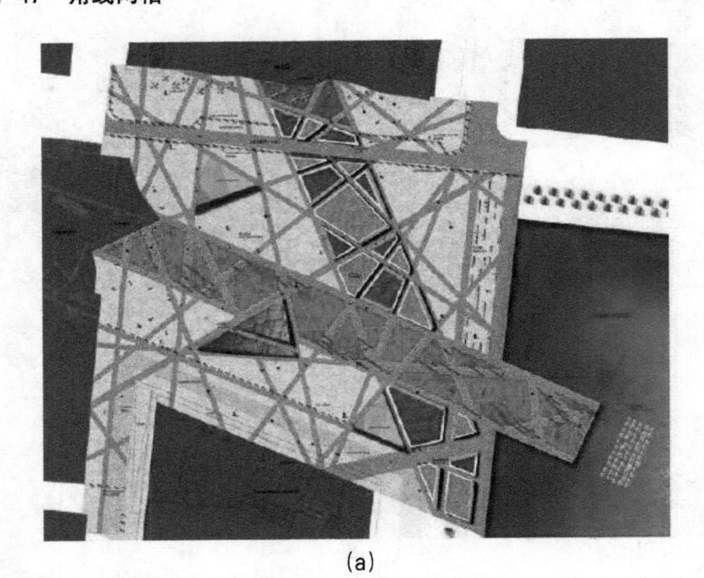

(a)

(b)

图 4-49　都柏林大运河广场

图 4–50 优维尔广场

在三角形主题中，正六边形尽管有些呆板，但是也可以用 30° /60° 的网格绘制图形。在方案形式设计中，可以根据功能区尺度使用大小相同或不同的正六边形，使它们相接、相交、镶嵌并保持角度统一，以达到整体的效果，同时尽量避免锐角的产生。正六边形方案图形如图 4–51 所示。

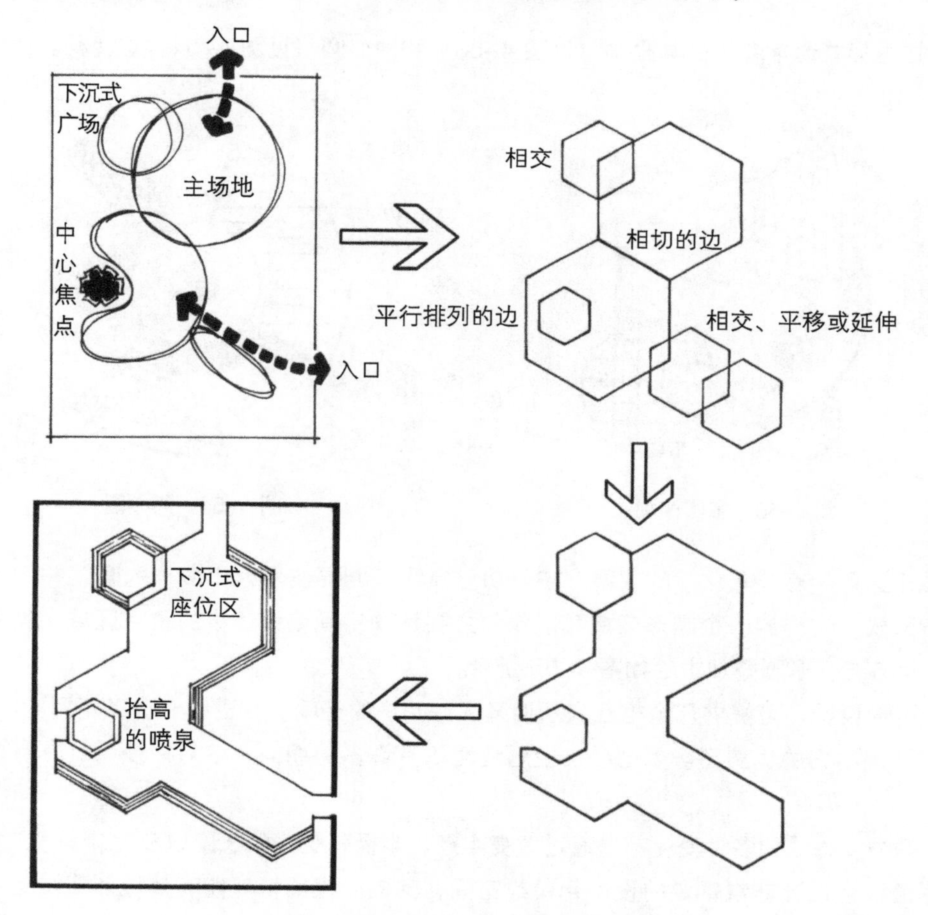

图 4–51 正六边形方案图形

3. 圆

多数的设计形式主题都与圆和方密切相关。圆由于具有简洁性、统一感和整体感，通常被认为是最完美的形式。圆的圆心、圆周、半径、半径延长线、直径、切线都是圆形构图变化的重要元素。可以利用网格绘制圆形和圆上的弧，如图 4-52 所示。

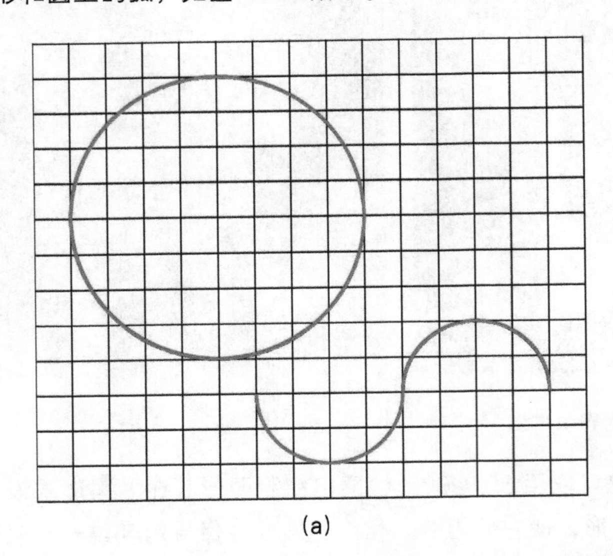

(a)

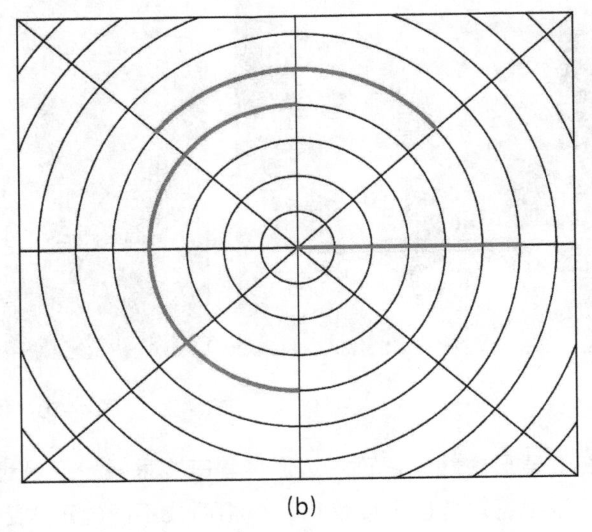

(b)

图 4-52　利用网格绘制圆形和图上的弧

圆形主题的构图形式通常会用多圆叠加（见图 4-53）和同心圆（见图 4-54）这两种。

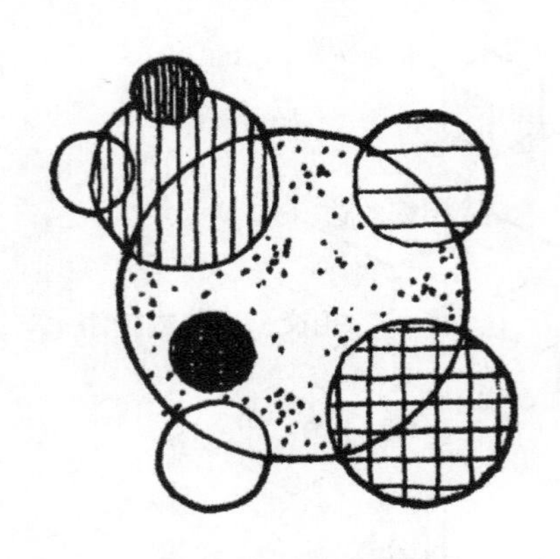

图 4-53　多圆叠加

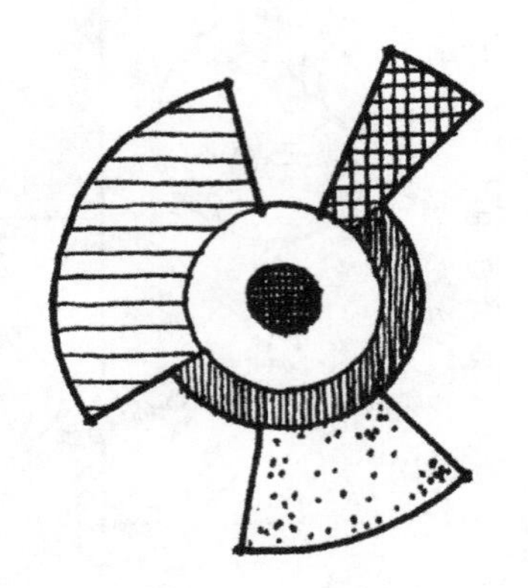

图 4-54　同心圆

多圆叠加会让边界具有"软化"的效果。按照功能尺度，需要使用大小多样的圆，并形成一个占主导地位的空间或主体形式。这样的一个圆形区域可以作为主要活动空间或设计中的重点区域，其他区域的圆形尺寸应较小，大小可各异。多圆叠加主题如图 4-55 所示。

多圆叠加的图形设计，可提供几个相互联系但又区分明确的空间。当进行有许多不同空间需求的设计时，多圆叠加设计就显现出它的优势了。多圆叠加主题还可以有许多的朝向，这可以使设计具有多个良好的景观视线。

在同心圆主题中，构成的多种变化都是通过改变半径、半径延长线的长度以及旋转角度来实现的。

同心圆图形最适合设计非常重要的设计元素或空间，其向心性的特点能有效地形成视觉中心。所以，圆心应在有特点或是在空间有重要价值的存在上，以此来凸显整个设计构成，如水景、雕塑或有特色的地面拼

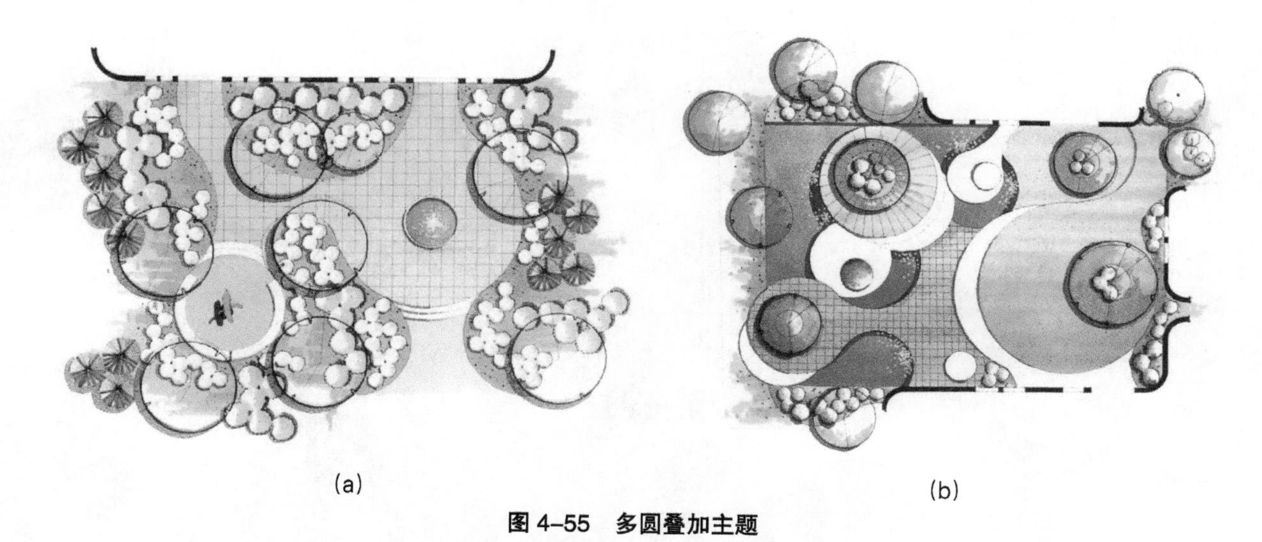

(a)　　(b)

图 4-55　多圆叠加主题

花这类型的视觉焦点。同心圆主题如图 4-56 所示。

以圆为主题的实际案例如图 4-57、图 4-58 所示。

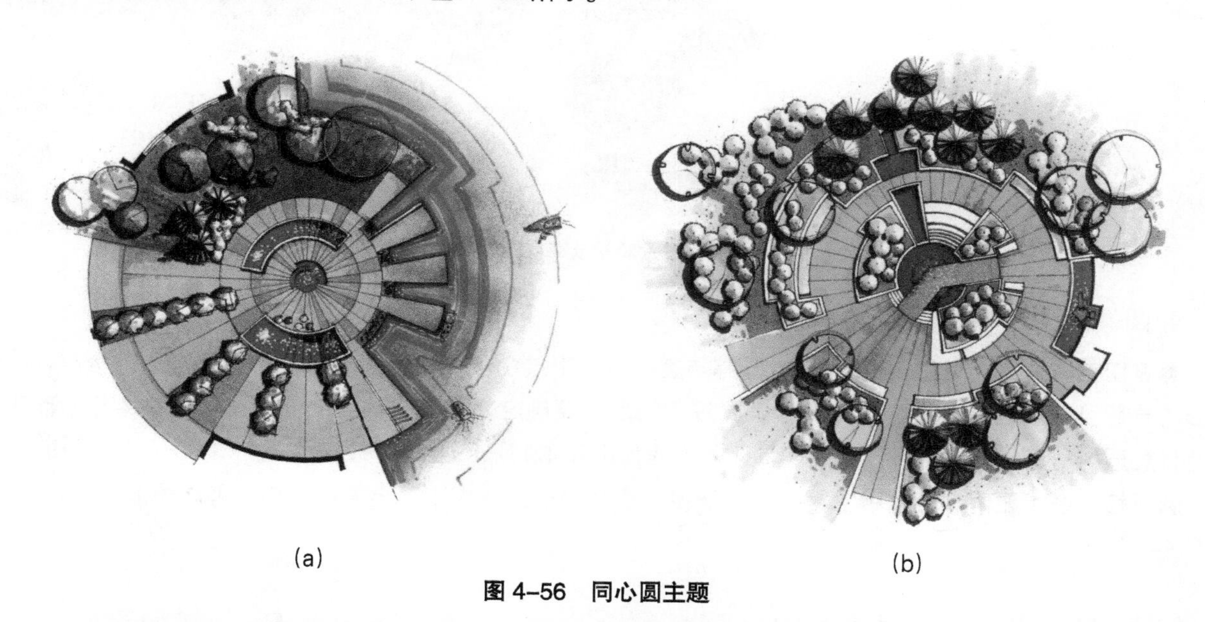

(a)　　(b)

图 4-56　同心圆主题

(a)　　(b)

图 4-57　美国加州圣路易斯奥比斯波 Curvalicious 花园景观

图 4-58　哥本哈根大学校园广场景观

4. 圆弧切直线

圆弧切直线是由 1/4 圆、半圆、3/4 圆等与直线相切形成的。在设计的时候，可先用矩形来构成，接着将矩形的一部分变成圆弧。进行这个步骤需要注意的是：要确定是设计中的哪个部分使用圆弧柔化，而不是简单地将矩形的角变成圆角。设计圆弧切直线的步骤如图 4-59 所示。

圆弧切直线主题同其他几种主题一样，需要考虑各种形式的大小、尺度和比例，考虑功能与材料的结合，如图 4-60 所示。

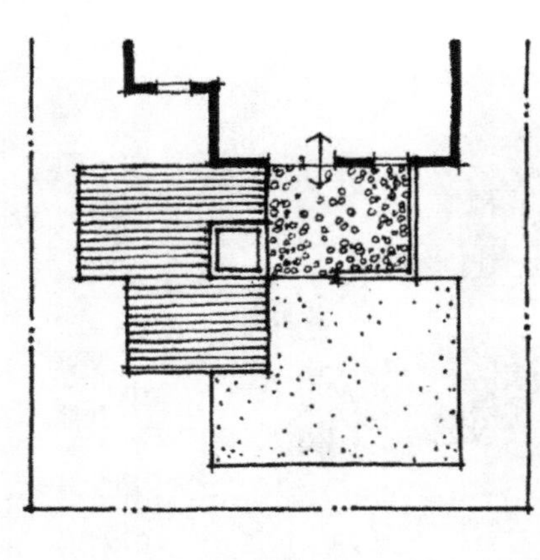

(a) 第一步

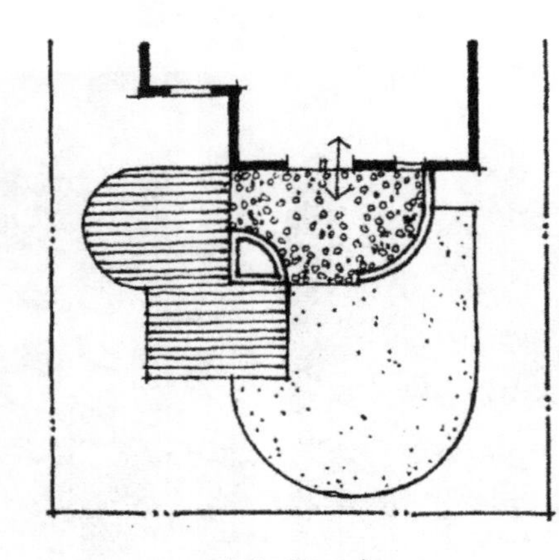

(b) 第二步

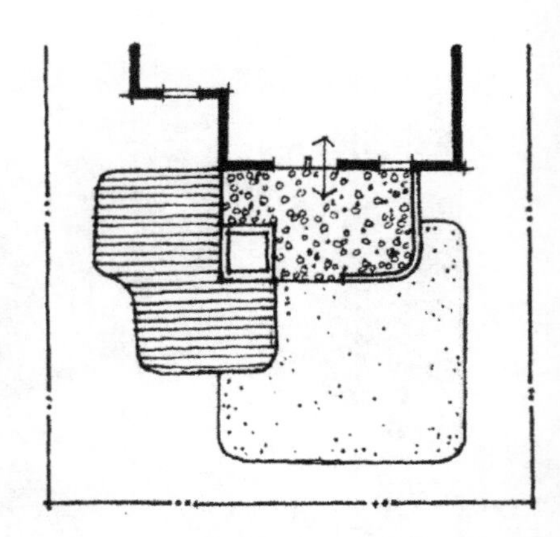

(c) 不是将矩形的角变成圆角

图 4-59　设计圆弧切直线的步骤

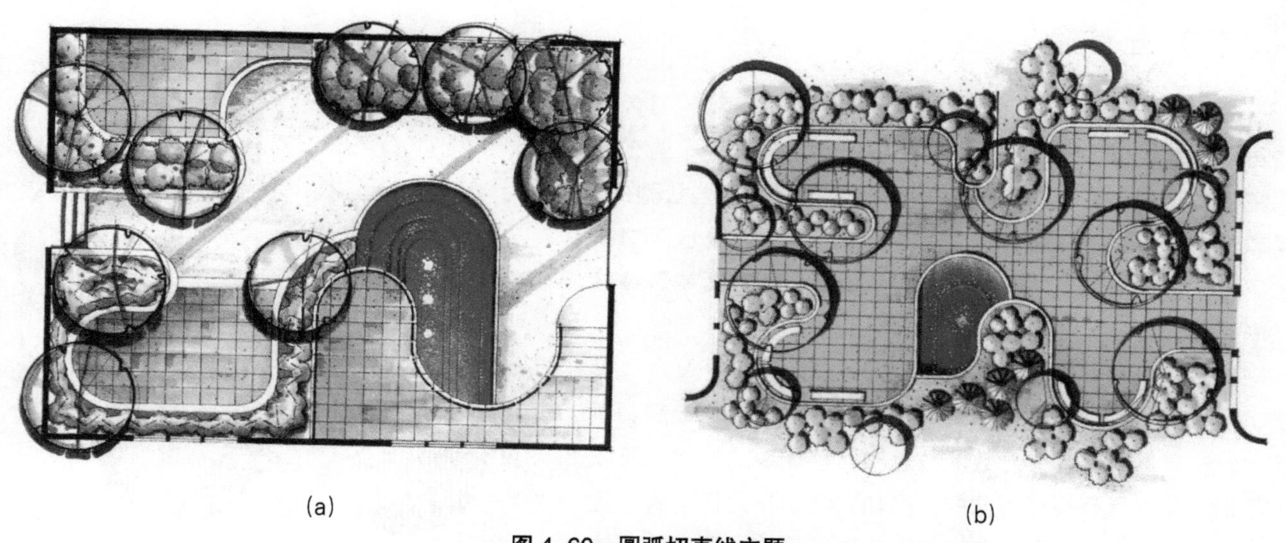
(a)　　(b)

图 4-60　圆弧切直线主题

5. 曲线

曲线是一种常见的设计形式，是一个抽象的结构化的系统。在曲线主题中，几何结构尽管很微妙，但仍然存在。

曲线主题运用了大小不同的圆和椭圆的轮廓，通过它们之间柔软平滑的过渡来构成图形。如图 4-61 所示为由圆和椭圆构成的曲线主题。

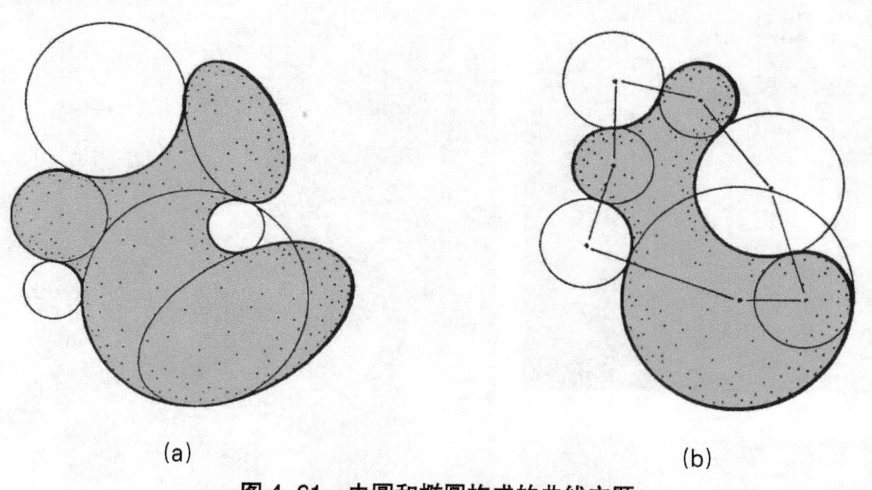
(a)　　(b)

图 4-61　由圆和椭圆构成的曲线主题

在曲线构图设计中，应避免形成锐角（见图 4-62）。若形成锐角，虽然在图形中曲线能平滑地斜交在一起，但在空间中使用成了问题。所以，要让所相交的曲线以“直角”相交，如图 4-63 所示。

曲线主题有一种波动、放松和沉思的特性。曲线的流动和伸展能引导视觉的运动，形成导向性的空间。但较小的空间不适合曲线构图，且过于琐碎的起伏变化也是不适宜的。

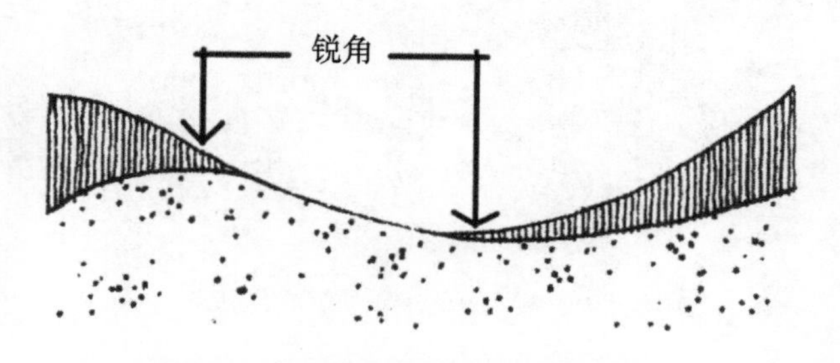

图 4-62　曲线斜交平滑但形成锐角

（二）自然形体

在很多场地中，使用很少被人干预的自然景观或包含一些符合自然规律元素的景观更容易被人们接受。在一些充满粗糙的人造元素的城市环境中，甲方可能需要一些松弛的、柔软的、自由的、贴近自然的东西，并向公众展示他们的生态意识。这样一来，设计这一内容的概念和方案就最终自然联系在一起了。

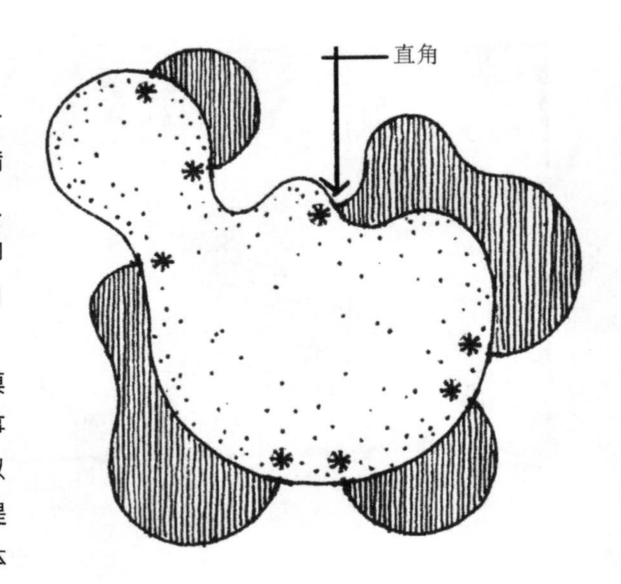

图 4-63　曲线以“直角”相交

自然式的图形通过对自然元素的提取，经过人为地模仿、抽象、类比，把一些不规则的有机形体组织在一起。事实上，在自然界中存在无数的数学和几何体系的规律，所以自然形式依然是有规律可循的。例如：我们在几何形式中提到的曲线，可以说它是对自然的曲线进行提炼，通过几何体系而得到的更规律化的图形（见图 4-64）或者更加灵活多变的图形（见图 4-65）。

在微观生物细胞排列、冰的结晶中或是被侵蚀的海滨砂岩中，可以提取出最有特点的不规则多边形，并将这些图形用于形成草坪的边界、水池、观景平台或道路等。它的长度和方向具有明显的随机性。这种随机性，让它有别于一般的几何形体。自然的不规则多边形及应用如图 4-66 所示。

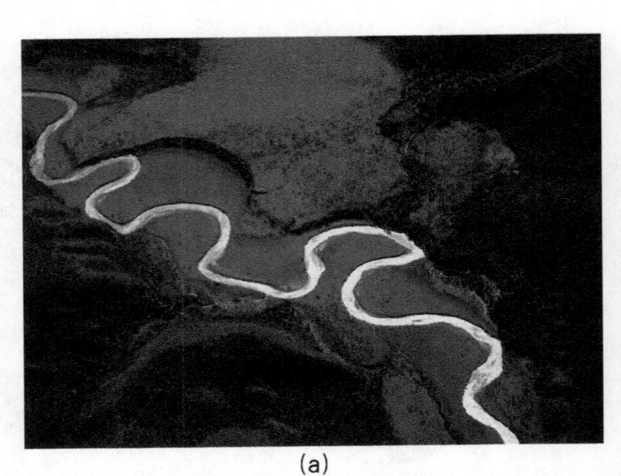

(a)

(c)

(b)

图 4-64　自然的曲线及规律化的曲线

(a)

(b)

图 4-65　灵活多变的曲线

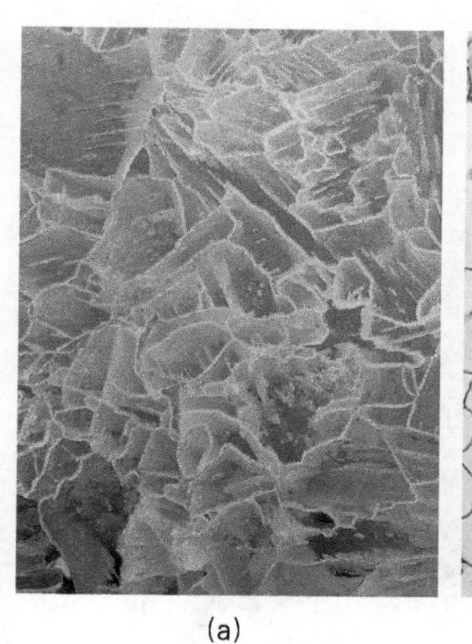

(a)

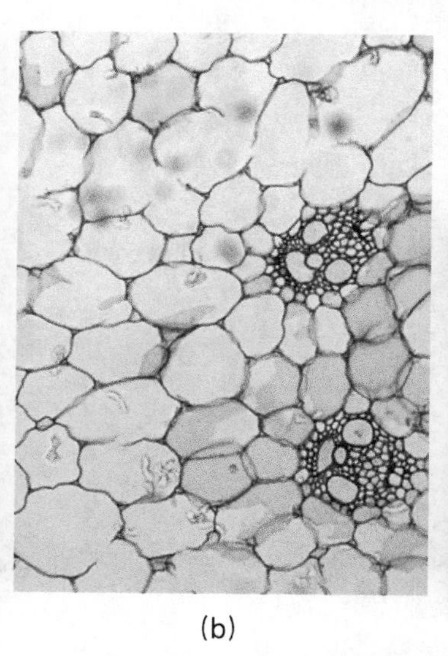

(b)

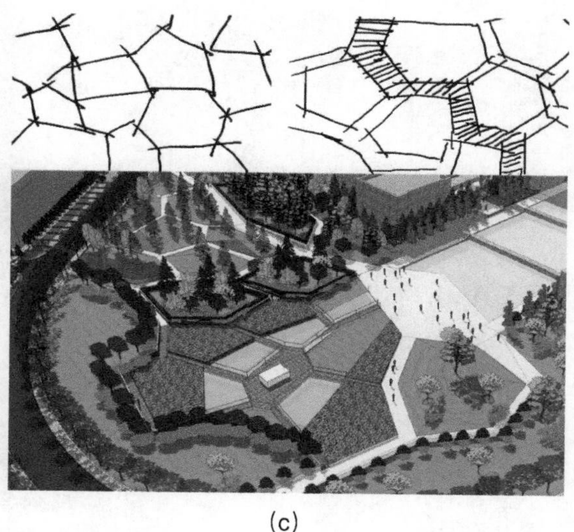

(c)

图 4-66　自然的不规则多边形及应用

在自然的形式中，还有很多可以学习的内容，如巨石、枯木的纹路、贝壳、树叶、鹦鹉螺的壳、树的年轮等。自然的形式作为一个受人喜爱的设计手法，可结合使用功能、人文题材、地域特色、环保意识、材料因素运用，它的亲切感和趣味性能给人们带来精神上的愉悦和心灵上的慰藉。

（三）多种形式的整合

虽然仅用一种设计主题能产生较强的统一感，但在一般情况下，景观设计师为了增加对比性、趣味性或根据概念性方案的不同层次的主体空间等，会使用多种形式。不管出于何种原因，景观设计师都要考虑不同设计形式之间的过渡，以创造一个协调的整合体。多种形式的整合的应用示例如图 4-47~ 图 4-49 所示。

大多数情况下，接近 90° 或 90° 的角比较容易处理两个不同的图形并使其有效整合。当圆与矩形或其他

(a)

(b)

图 4-67　中国上海自然历史博物馆

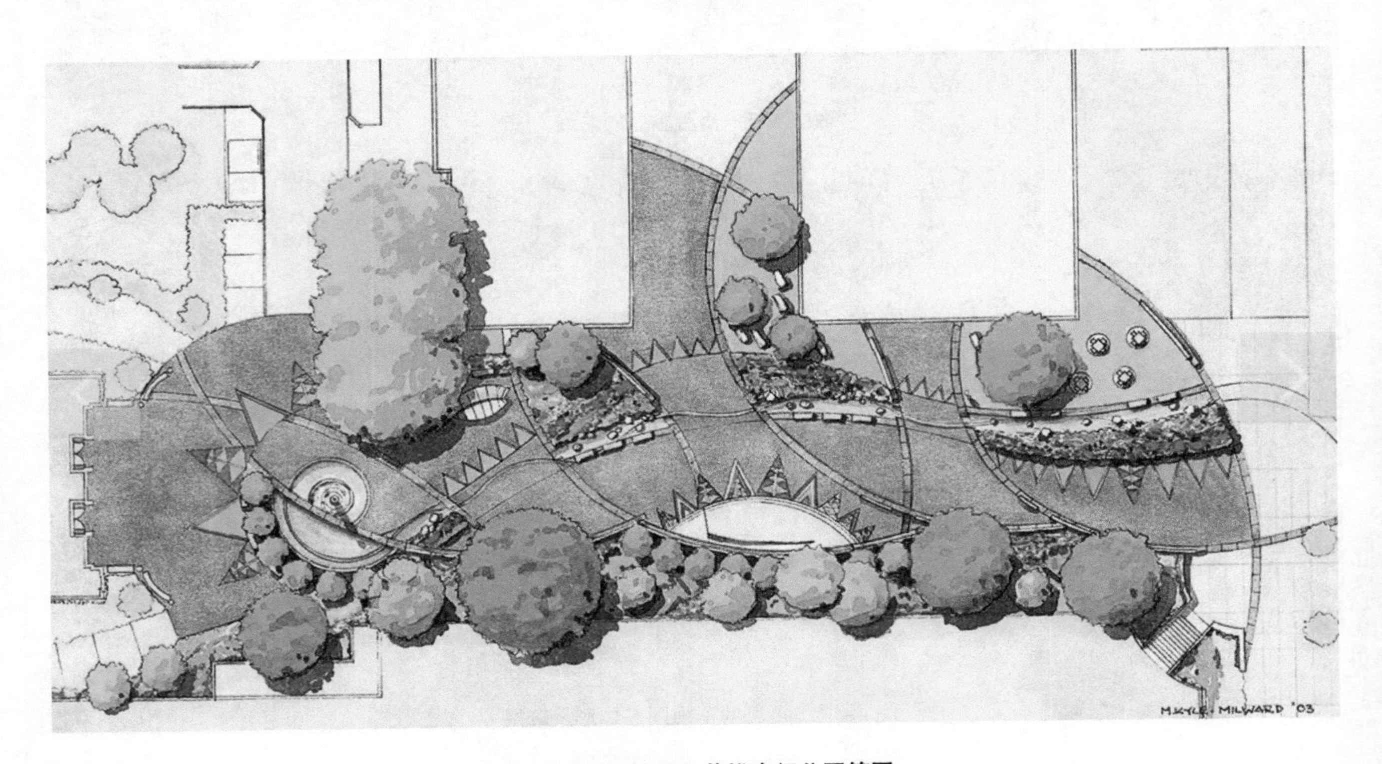

图 4-68　波特兰女英雄步行公园简图

角度的图形连接在一起时，沿半径或切线方向使用直角比较自然，这时所有的线条同圆心发生呼应，进而使彼此之间形成很强的联系。

90° 的连接也是曲线和直线之间以及直线和自然形之间可行的连接方式，这一点我们在曲线形式的设计中也提到过。平行线的使用是两种形式相接的另一个方法。钝角的连接方式属于不太直接的连接方式，适用于某些情况。锐角在连接时要慎重使用，因为它们经常使对立的形体之间显得牵强，并且在空间中很难使用。

景观设计师还可以通过缓冲区和逐渐变化的方法来达到协调的过渡。缓冲区给相互对立的图形之间留整洁的视觉距离，以缓解任何可能的视觉冲突。不同形式之间相互整合的方法如图 4-70 所示。

图 4–69　阿根廷布宜诺斯艾利斯纪念公园简图

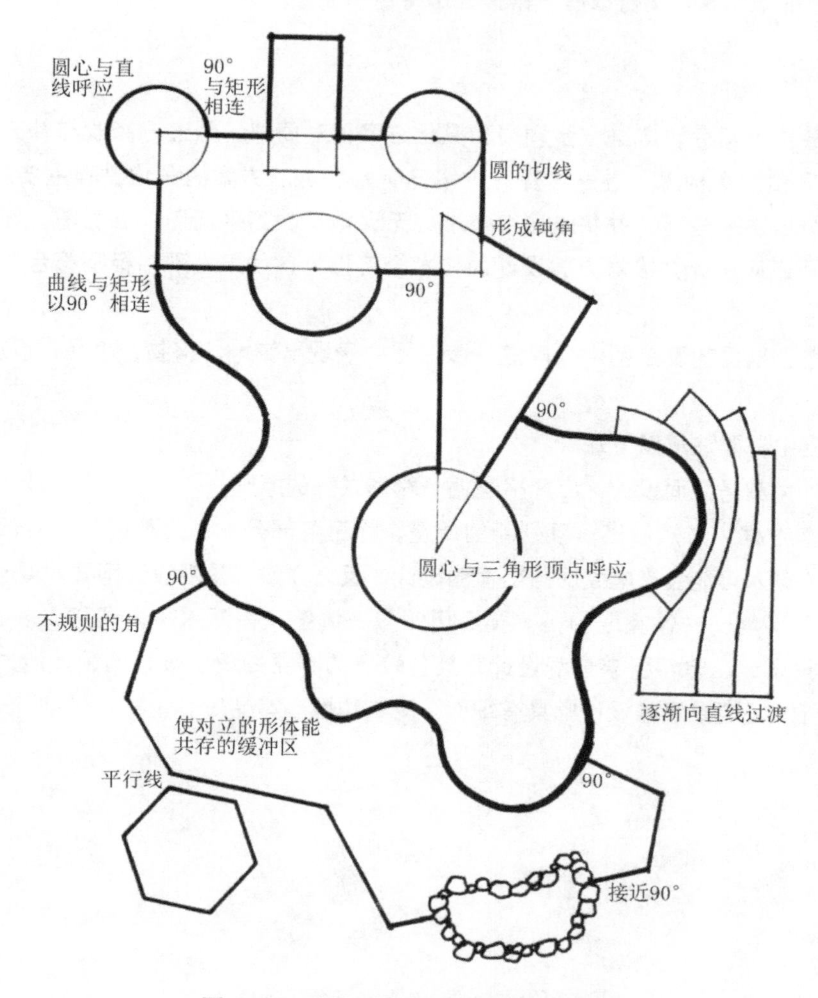

图 4–70　不同形式之间相互整合的方法

三、多方案的优化和深入

（一）多方案的优化选择

为了实现多方案的优化选择，首先应该提出数量尽可能多、差异尽可能大的方案。数量多保证了可选择的空间，差异大保证了方案间的可比性。我们必须学会从多角度、多方位来审视方案、把握环境，通过有意识、有目的地变换侧重点来实现方案在整体布局、形式组织以及造型设计上的多样性与丰富性。

另外，所有的方案必须是建立在满足功能与场地现状要求的基础上的，否则再多的方案也是毫无意义的。因此，在方案设计的各个阶段要随时否定那些显然不可取的构思，以避免时间的浪费。

当完成多方案后，应展开对方案的分析、比较，从中选择出理想的具有可行性的方案。

分析、比较的重点集中在以下三个方面。

(1) 比较设计要求的完成程度。是否满足基本的设计要求（如功能、环境要求等），是鉴别一个方案是否合格的基本标准。

(2) 比较设计创意特色是否突出。缺乏个性的方案是平淡乏味的，是很难打动人的。

(3) 比较修改、调整的可能性。任何方案多少都会有一些缺点，但有的方案的缺陷虽不是致命的，却有可能牵一发而动全身，很难修改，使得原有方案失去了特色和优势。

（二）方案的深化

通过比较选择出最佳方案后，应进一步调整和深化方案：对局部问题进行修改与补充，力求不影响或改变原有方案的整体布局和基本构思，进一步提升方案已有的优势。方案的深化过程主要通过放大图纸比例，由面及点、从大到小分层次来进行，并将这些细节准确无误地反映到平面图、立面图、剖面图及总图中。在这个阶段，景观设计师还应统计并核对方案设计的技术经济指标，如果发现指标不符合要求，则必须对方案进行相应的调整。

在平面图、立面图、剖面图及总图中，应进一步在图中表现出铺地、植物、小品，设施造型、材料质感、色彩、光与影等。

在方案的深入过程中，要注意以下几点。

(1) 各部分的设计尤其是立面设计，应严格遵循一般形式美的原则。

(2) 在方案的深入过程中必然做出一系列新的调整，除了各部分本身需要调整，各部分之间必然也会产生相互影响，如平面的深入可能会影响立面与剖面的设计，反之亦然，景观设计师要对此有充分的认识。

(3) 方案深入是不可能一次性完成的，需要经历深入—调整—在深入—再调整，多次循环过程。因此，完成一个高水平的方案设计，除了要求景观设计师具备较高的专业知识、较强的设计能力、正确的设计方法以及极大的专业兴趣外，还要求景观设计师具有细心、耐心和恒心等品质。

第五章　景观设计中的形式美学

景观设计是一门综合性很强的环境设计学科，涉及城市规划、建筑、工程、生态、地理等多种学科。景观设计不仅是各学科的应用，而且是各学科的延续。进行景观设计时，既需要考虑设计的科学性，又要考究设计的艺术性，同时还要符合人们的日常行为习惯。正如著名景观设计师约翰·O.西蒙兹在《景观设计学》一书结尾处所说的那样：“我们可以说景观设计师的终生目标和工作就是帮助人类使人、建筑物、社区、城市以及他们的生活同生命的地球和谐相处。”本章节主要介绍景观形式美的构成要素和设计的基本法则等内容。

第一节 景观形式美的构成要素

现代城市景观风貌变化显著，人们的生活品质、审美标准不断提高，这就要求当代景观设计师要注重景观设计的艺术效果，对景观设计的构成要素和基本法则进行科学的分析，以设计手法、艺术效果、经济效益、综合功能这四个方面之间的关系为基础，用审美观、科学观进行反复验证比较，最终得出一种最出色的设计方案。遵循形式美法则已经成为当今景观设计的一个主导性规律。探究景观设计中的形式美法则对人类景观系统设计有着重要的指导意义。在景观设计中，形态指的是物体的外在造型，也就是物体在空间中所占据的轮廓边界。空间造型要素中的形态概念，不仅包括环境设计的外形，而且还包括物体内在结构形成的影响，是内外要素统一的综合体。点、线、面、体是构成形态的基本要素。

景观空间造型可概括为各种点、线、面、体的组合，这些点、线、面、体由各种景观要素承担，是景观空间形式的基本设计元素和组织语言。在生活中，人们所见到的或感知到的每一种形状都可以简化为这些要素中的一种或几种的结合。作为几何概念的点、线、面、体具有抽象意义：点表示在空间中的一个位置；点的运动形成线，线是一维的，具有长度而没有宽度和深度；线的运动形成面，面是二维的，具有长度、宽度而没有深度；面的运动形成体，体是三维的，具有长度、宽度和深度，如图 5-1 所示。人们可以将景观中的具体的景物提炼成抽象的点、线、面和体以便于理解和记忆。反过来，景观设计师也可以从抽象的点、线、面和体入手进行景观空间造型设计。可以说，景观设计的过程是一个多层面、多角度的设计过程。将实体元素抽象成点、线、面、体等抽象元素，并利用形式美法则进行创作是景观设计的重要方法之一。正如美国建筑大师巴里·A.伯克斯所说："艺术和建筑总是会把观赏者拉回到那些作为视觉语言的构成要素的最基本的形体上来。这些基本形体的意义是永远也不会被磨灭的——它们充满了在新的构图上的可能性，让人们不断去探索。"

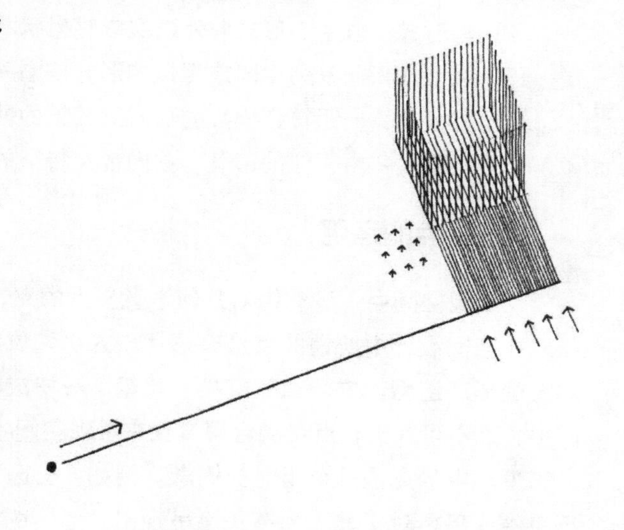

图 5-1　点、线、面和体

一、点

（一）点的定义

点是空间中最基本和最重要的元素。在几何学上，点没有大小、没有方向，仅用于表示位置。点表示着一条线的起始与结束［见图 5-2（a）］，或者表示两条线的交点［见图 5-2（b）］、面或体角部线条的相交处［见图 5-2（c）］、一个范围的中心。一个点标注了空间中的一个位置，它没有长度、宽度和深度，因而它给人的感觉是静态的、集中的、无方向的。

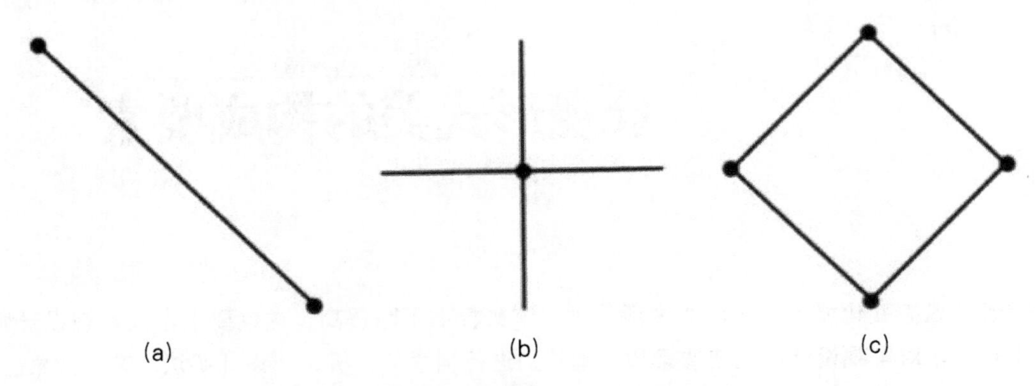

图 5-2　点在空间中的位置

（二）点的特性

单个的点给人中心感、集中感，当它处于一个环境中心的时候，会产生强烈的聚拢感。多个点规整组合，有强烈的秩序感、密度感。点的连续排列会产生线的痕迹，点的规则集合会产生面的感觉。多个点的自由组合会产生丰富、活泼之感。点的大小不同则会产生深度感。但也要注意，组合不当的点可能会使画面显得混乱、零散。空间中，点的组合分为以下几种形式。

（1）集中式：多个从属的形式围绕一个占主导地位、居于中心的母体形式。

（2）辐射式：自中心形式向外延展成辐射状的线式。

（3）线性式：一系列相同或相似的形式按顺序排成一排。

（4）网格式：一组符合模数的形式被三维的网格联系起来并规则排列。

（5）组团式：由相似的、具有共同视觉特征的形式组合在一起。

（三）点的运用

在景观空间中，没有绝对几何学意义上的点，点只是相对于线状空间、面状空间而言的点状空间或形体，所以在空间设计中所谓的点是有形状、大小和位置之分的。在空间中，点的体积通常相对较小，并且点注重本身的形态造型。广场上的灯具、雕塑、石块或者面积较小的点状硬地都可以形成“点”的印象。在景观空间中，点不可或缺，点景的合理设置在景观空间中至关重要。

景观中的点是一个相对的概念。例如：公园湖区的中心岛，相对于整个湖区来说具有“点”状的空间特征；中心岛相对于其上的亭子又呈现出“面”的特征，这时亭子又成为空间中的点景。所以说对景观中点景的理解应该是灵活的、变通的。景观中的建筑、中心广场、雕塑、喷泉、置石，植物造景中的一个孤植的树、花坛等都是景观中形成点景的最为常见的元素。恰当的点的形态能形成空间的视觉中心，增加空间的向心感，成为整个空间的点睛之笔（如广场中心的人像雕塑，如图 5-3 所示），而且可以起到丰富空间视觉层次的作用，成为线和面的补充。点的形态的设定要和整个空间的功能格局相吻合，并体现整个景观主题和风格，不能单从形式角度随意地设置点的形态和空间位置，随意地设置点的形态和空间位置将使空间失去存在的意义而流于形式。

图 5-3　广场中心的人像雕塑

点的线化和点的面化是景观中组合点的最常用的方法。点的线化是指将点有方向地连续排列，以在视觉上给人以线的感觉。点的线化可以起到线的作用且比直接运用线更具有层次感和节奏感。例如：行道树、路灯、间隔放置的几何形体路障或种植器都属于点的线化。点的线化使空间的围合既有线的特点，又具有流动性和趣味性，如图 5-4 所示的点状置石形成线状汀步。点的面化就是指多数点的集合，以产生面的感觉。点的面化大致可分为规则均匀排列和自由组合两种形式，和个点不同的是面化可以构成景观中的主体形态，具有强烈的秩序感和韵律感。合理运用点的面化能形成独具特色的景观造型，增强空间的辨识度。如图 5-5 所示的植物的陈列，既体现了点的线化，又体现了点的面化。

二、线

（一）线的定义

点延伸形成线，同时面的边缘和面与面的交界也是线。从几何学概念上来说，线有长度，但没有宽度和深度。线是组织空间形态不可或缺的要素，它在很大程度上影响空间视觉效果和人的心理感受。和点状形态相比，线状形态具有明显的方向性，可以用来联系、包围或交错各种形态，勾勒出面的边界，线表现出更强的形态控制力。线的形成如图 5-6 所示。

图 5–4　点状置石形成线状汀步

图 5–5　植物的阵列

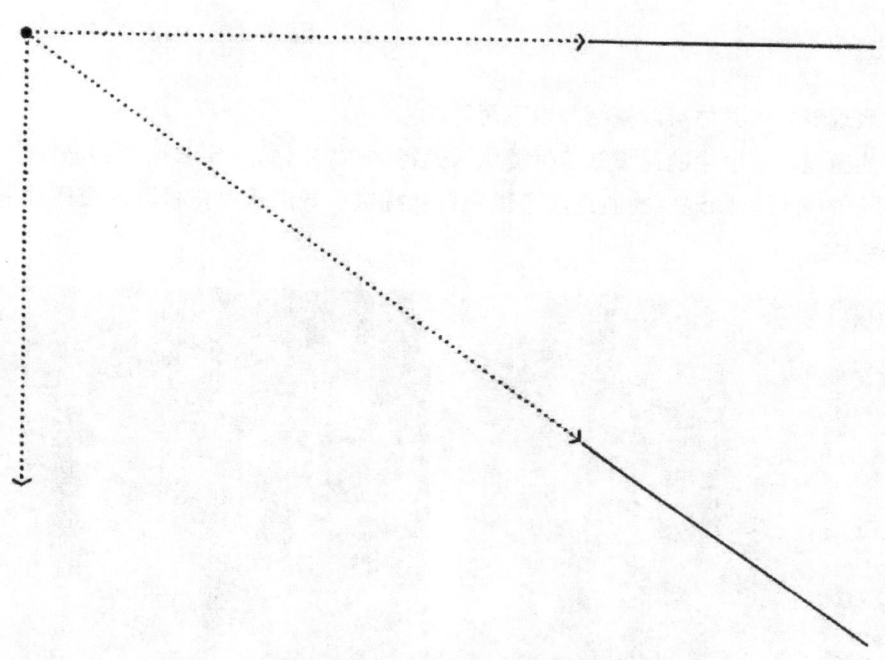

图 5-6　线的形成

（二）线的特性

按照线型，线可以分为直线（水平线、垂直线、斜线）、折线（锯齿状、直角状）和曲线（几何形：圆形、半圆形、椭圆形等；自由形：S 形、C 形、漩涡形等）；偶然形）三类。

景观中的线空间可表现出不同的特点，如宽窄、粗细、长短、曲直、软硬、虚实等。不同的线型表达不同的空间性格，给人以不同的视觉感受，如图 5-7 所示。粗线有力，细线精密。直线具有强烈的导向性、简约感和力度美；单根直线能增加画面的方向性、轴线感；组合直线可以给人以秩序、精致的感觉，能起到形成整个图形骨架、统一画面全局的作用。水平线使人联想到一望无垠的海洋或宽广辽阔的平原，给人开阔、安静、稳重的感觉。垂直线使人联想到挺拔的乔木、高耸的建筑物，给人以崇高、上升的动感。由水平和垂直的线形成构成的景观环境，会营造出一种坚实与安定的氛围。倾斜线有强烈的动势，具有现代感和朝气。这里需要指出的是，使用倾斜线时应小心谨慎，过多或不当地使用倾斜线会造成空间秩序上的混乱，给人不安定的感受。曲线有流动、顺畅、柔美、自然之感，可以起到丰富、柔化、连接、统一画面的作用。

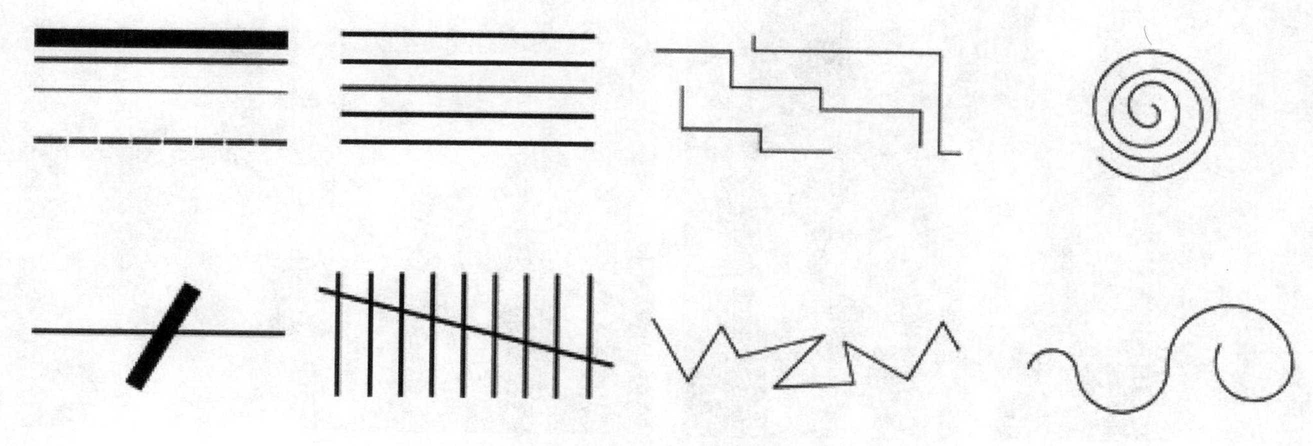

图 5-7　不同的线型给人不同的视觉感受

（三）线的运用

线在景观中的表现形式，具体可以概括为以下两种。

第一，环境中的通道。环境中的通道既包括提供人通行的道路（如图 5-8 所示的曲线小路），也包括其他物质（如图 5-9 所示的直线型水池）的通道。通道不仅能提供引导游人游览景区的交通功能，而且在一定程度上决定了景观的结构。

图 5-8　曲线小路

图 5-9　直线型水池

第二，是各类设施形成的线状形态，如图 5-10 所示。线形设施（见图 5-11）不仅可以强化线形空间的特点，而且可以形成空间韵律，丰富空间形态。

另外，空间中的各种边界也可形成线的感觉。例如不同材料中的边界：植被与铺地的边界、水面与陆地的边界等，如图 5-12、图 5-13 所示。同一种材料之间由于高差变化也可产生的边界，如抬高或下沉而形成

图 5-10　线形通道

图 5-11　线形设施

图 5-12　植被与铺地的边界

图 5-13　水面与陆地的边界

的空间界限。景观空间垂直方向上的线状元素也很多，如路灯、柱子、雕塑等。

在进行景观空间设计时，要特别注意根据场所的功能特点和周围的环境合理地选择不同形式的线型。例如：在城市开放空间中，由于其大量的人流和城市化的特点，其景观构成应主要以人工形式为主（如各种广场、商业街和建筑附属绿地等）。其中，自然元素的引用也会追求人工的痕迹，如在硬地上规整地设置树池以栽植树木、把水体做成人工几何形态等。这些严整的人工处理景观能够和城市建筑空间统一起来，所以在这一类的空间中比较适合直线的运用，曲线也多是由曲线几何形曲线构成的，偶尔出现自由形曲线，从而使空间具有简洁、清晰、明快的特点。曲线塑造具有人工美感的景观环境如图 5-14 所示。以休闲娱乐为主要目的

图 5-14　直线塑造人工美感的景观环境

的公园绿地景观，人流密度相对较小，绿地面积大，空间设计追求活泼、自然，通常模仿自然形态，所以曲线（包括规则几何形的曲线和自由形曲线）更适合其空间特性。在公园绿地景观中使用曲线，能营造出公园轻松愉快的氛围，如图 5–15 所示。

图 5–15　曲线塑造具有自然美感的景观环境

在空间中，各种线型是同时存在的。一处景观空间可包括水平线、垂直线、斜线和曲线等各类空间形态，这些空间形态相互组合而共同构成的有机整体。在景观空间中，通常会以某种线型为主，其他线型为辅，这符合统一与对比的关系原则。例如：在以直线为主的广场上设置曲线式的水形或进行较为自由的植物搭配，以曲线作为点缀；公园中当然也可以有几何轴线关系等。设计景观时，应灵活运用线型，不能极端化。

在景观空间中的线有时候并非是可见的，而是作为设想中的要素，如景观中的轴线、动线等，景观设计师往往会在这条假设的线上将各种点、线、面的要素以多种形式排列。

三、面

（一）面的定义

线在空间中的运动形成面。从几何学概念上讲，面有长度、宽度而无深度。面的形成如图 5–16 所示。舒展、开阔的区域，会给人“面”的感觉，它受外部轮廓线的界定而呈现出一定的形状和大小。

（二）面的特性

面的形式可分为几何形、有机形、偶然形等，如图 5–17 所示。几何形是最常见的形式，具有简洁、理

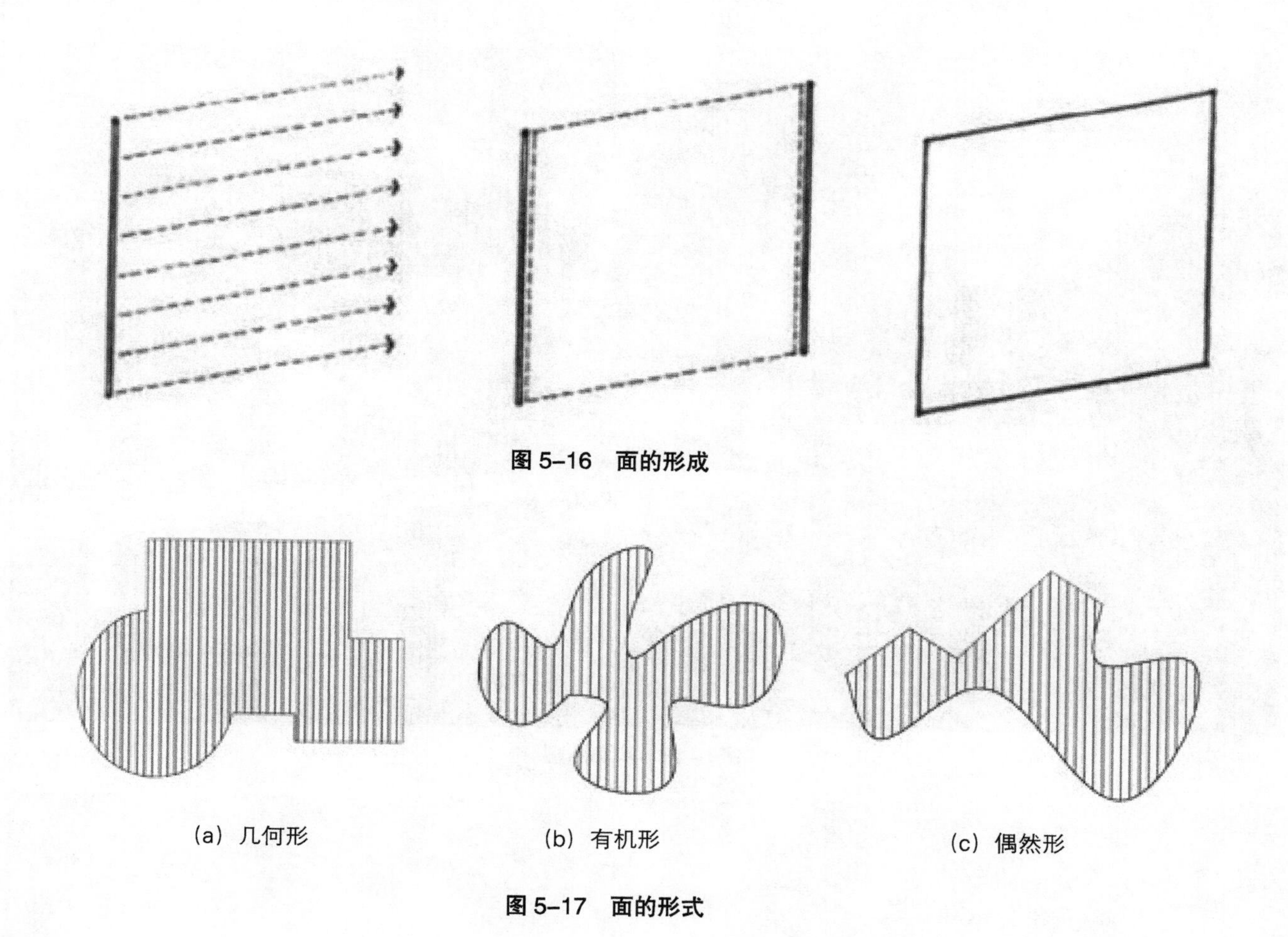

图 5-16　面的形成

(a) 几何形　　(b) 有机形　　(c) 偶然形

图 5-17　面的形式

性、力度和秩序美的特性，如三角形、四边形、圆形和椭圆形等。单个几何形相互组合可形成更为复杂的几何形态，一般由直线和几何曲线构成。有机形的面是非几何化的，形态变化多样，不具规律性，比如不规则的直线面和自由曲线面等，具有自然、流畅、柔和的特点。大多数景观空间是几何形的面和有机形的面的结合，具有明显的秩序且富有变化。

偶然形的面不强调秩序感，它具有自然不规则性和突发性的特点。例如：随手在纸上滴的墨滴溅开的形状便是典型的偶然形。偶然形在景观中的应用不如几何形和有机形的广泛，但如果能合理利用其自然生动的外形特点，那么利用偶然形的面可以营造出奇特、新颖的空间效果。

（三）面的运用

景观空间中的面可归纳为实面和虚面两种。实面是指有明确形状的、能实际看到的面。虚面是指不能清晰地看到边界，但可以被人们感觉到的，由点和线密集排列成的面。

环境中的面状空间简洁大气，整体感强，如图 5-18 所示的斜面造型。但是形状、大小相似的面相结合，可能会产生单调、空洞之感，这需要通过与点、线的组合来丰富空间层次，或者通过空间营造手法调整面的形状和大小来改善空间视觉效果。面的营造主要有面的分割和面的组合两种方式。面的分割是指依据一定的原型，对面进行分割，以形成新的面状，如图 5-19 所示。面的组合是指用分割出来的形或其他的更单纯的形进行组合、重叠，产生新的形态，如图 5-20 所示。合理地利用面的分割和面的组合有助于创作出富有变化和新意的空间效果。

图 5–18　斜面造型

图 5–19　面的分割

图 5–20　面的组合

四、体

（一）体的定义

点、线、面的组合反映的只是一个平面的形态关系，真正的空间是由立体形态构成的。体是由各种面组成的，它具有三个度量。体可分为方体、多面体、曲面体、不规则体，以及有这些形体所组合而成的复合形体等。

（二）体的特性

景观空间是由各种形体构成的。体的造型、尺度、比例、量感等对空间有着直接的影响。在进行景观空间设计时，对体的准确把握和塑造至关重要，它直接决定着空间的视觉效果和空间感受。单从形体的尺度来说：尺度巨大的体量给人以震撼、敬畏之感；较小的体量给人以亲切、轻松的感受，充满人情味。景观空间由不同尺度的形体构成，不同量的形体在空间中起着不同的作用。

（三）体的运用

景观空间的形体可以由建筑、构筑物、地形、水体等元素充当。设计这些形体时，景观设计师经常把原来简单的几何形体通过组合、连接、切割等手法进行加工变形（见图 5-21），使之形成新的更丰富的形态。这些新的形态虽然还保留原来形体的一些特征，与原有的形体存在一定的关联性，但其具体的形式已经很不一样，如图 5-22 所示的相互穿插连接的构筑物。

图 5-21 体的运用

图 5-22 相互穿插连接的构筑物

五、 空间

对点、线、面以及形体的组织只是空间设计的过程和手法，而营造空间才是设计的最终目的。在景观设计过程中，对点、线、面的组织更多地体现在平面布局上解决空间的平面关系上，它对景观空间起着决定性的作用。但优美的景观平面并不等于高质量的景观空间。景观空间设计不能仅是对点、线、面的操作，应是一种整体的空间策划。例如:著名的建筑师伯纳德•屈米为纪念法国大革命 200 周年而设计的阖、法国拉•维莱特公园。如图 5-23 所示为法国拉•维莱特公园的设计方案。法国拉•维莱特公园以点、线、面三层基本要素构成，基址按 120 m × 120 m 画了一个严谨的方格网，在方格网内约四十个交汇点处各设置一个红色建筑，它们构成空间中“点”的要素。长廊、笔直的林荫路和一条几乎贯通与全园的流线型的游览道路构成空间中的“线”。空间中“面”的要素主要包括十个主题园和其他场地、草坪和树丛。点、线、面三个体系既相互独立又相互联系，从而形成公园的整体空间骨架。

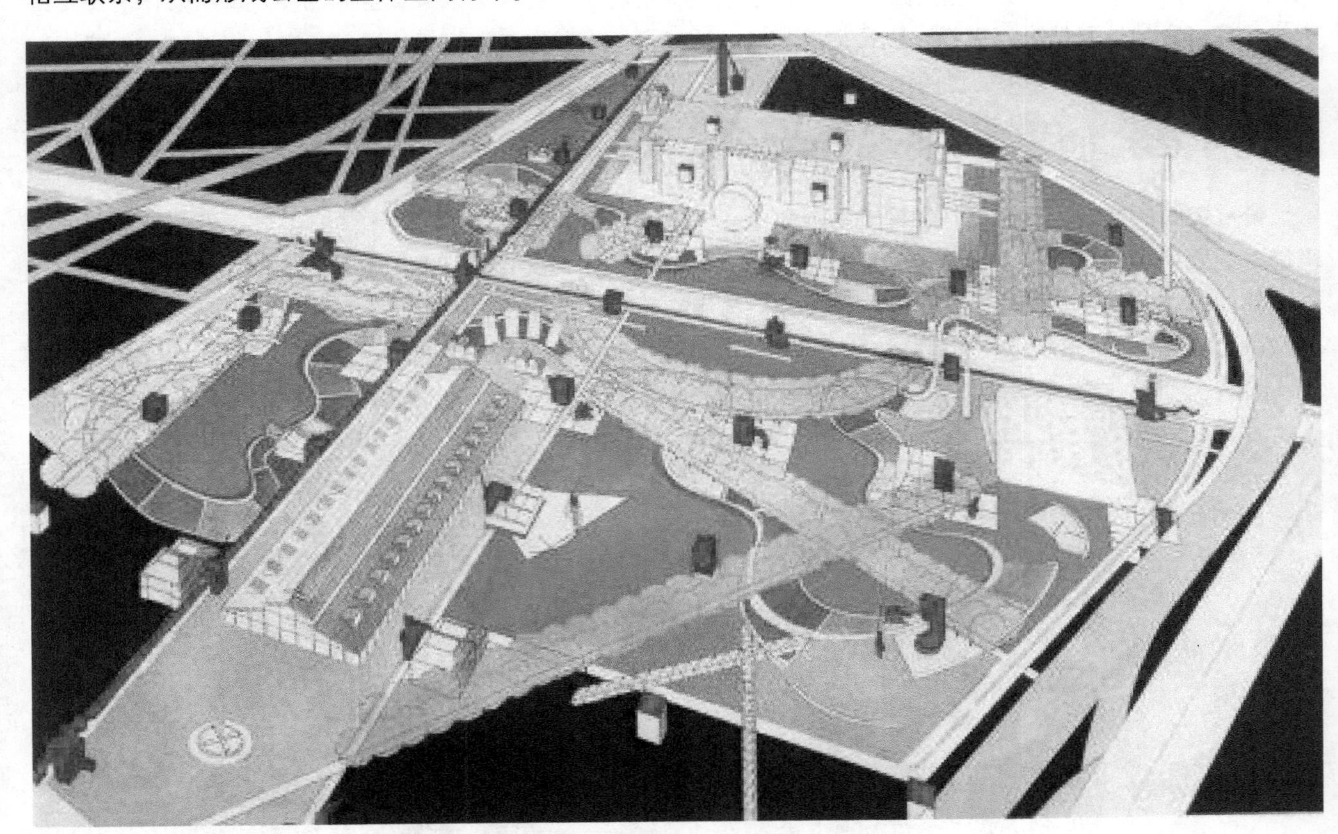

图 5-23　拉•维莱特公园的设计方案

整体空间的策划设计既包括对单体形态的设计，也包括对整体空间序列的营造，而营造连续富有变化的空间序列更是整体空间策划设计的重点。景观空间的序列是各种形体造型连续呈现的结果。形体属于空间造型的范畴，它是空间的组成要素，而作为景观空间，更为重要的是形体与形体之间空的部分（称为虚体）。虚体构成人们活动的场地，是空间设计的主要内容。例如：在地面上建造一栋建筑，建筑形态属于环境的一部分，建筑实体（如墙体、窗户、门等）构成主要的视觉内容，其造型设计对整体视觉效果有着很大影响，但这些实体围合或占据的空的部分才是真正使用的空间，也就是室内空间和室外空间，这些空间形式是虚形，不易被人发现，但会直接决定空间的视觉效果。可见，景观空间设计既包括对具体要素形态的设计，也包括对那些容易被人们忽视的实体形态之外的虚体的设计。景观要素实体形态的设计可以增加空间的魅力和吸引力，使景观要素实体形态成为空间中的亮点、视线的焦点。同时，通过要素形态营造出的虚体的空间层次更决定了景观空间的质量，影响着人对空间的整体感受。

如图 5-24 所示为通过地形和植被等实体的限定，营造丰富的空间层次。

图 5-24　通过地形和植被等实体的限定，营造丰富的空间层次

第二节　景观形式美的基本法则

构成景观的基本要素有点、线、面等。想要组织利用这些要素创造优美的景观，构成秩序空间，需要掌握形式美的基本法则。形式美的基本法则是带有普遍性、必然性和永恒性的法则，是一切设计艺术的核心，是一切艺术流派的美学依据。在现代景观设计中，形式美感要素被推到了较为重要的位置：只有正确掌握了形式美感要素，才能把复杂多变的设计语言整合到形式表现中去。如今的景观设计早已不同于狭义的园林绿化，景观设计师在进行景观设计时，要综合运用变化与统一、对比与微差、比例与尺度、节奏与韵律、对称与均衡和主从与重点等美学法则，以创造性的思维方式去发现和创造景观语言是我们最终的目的。

一、变化与统一

变化与统一又称为和谐，是一切艺术形式美的基本规律。变化与统一既相互对立又相互依存。一个基本要素孤立地存在于景观设计当中是很少见的，通常各个景观要素组合在一起形成“场所＋景观”，各景观要素的数量、位置、颜色、形状、线条、动静、质感及比例等，既要有一定的变化以显示多样性，又要使它们之间保持一定相似性，有统一感，这样既生动活泼，又和谐统一，如图5-25所示。一个不和谐的要素会引起视觉紧张和视觉冲突，失去美感。过于繁杂会让人心烦意乱，无所适从，而平铺直叙，没有变化，又会显得过于单调呆板。景观作品的美感是从统一的整体效果中感受到的。因此，只有做到既多样又统一，才能使景观达到和谐的境界。

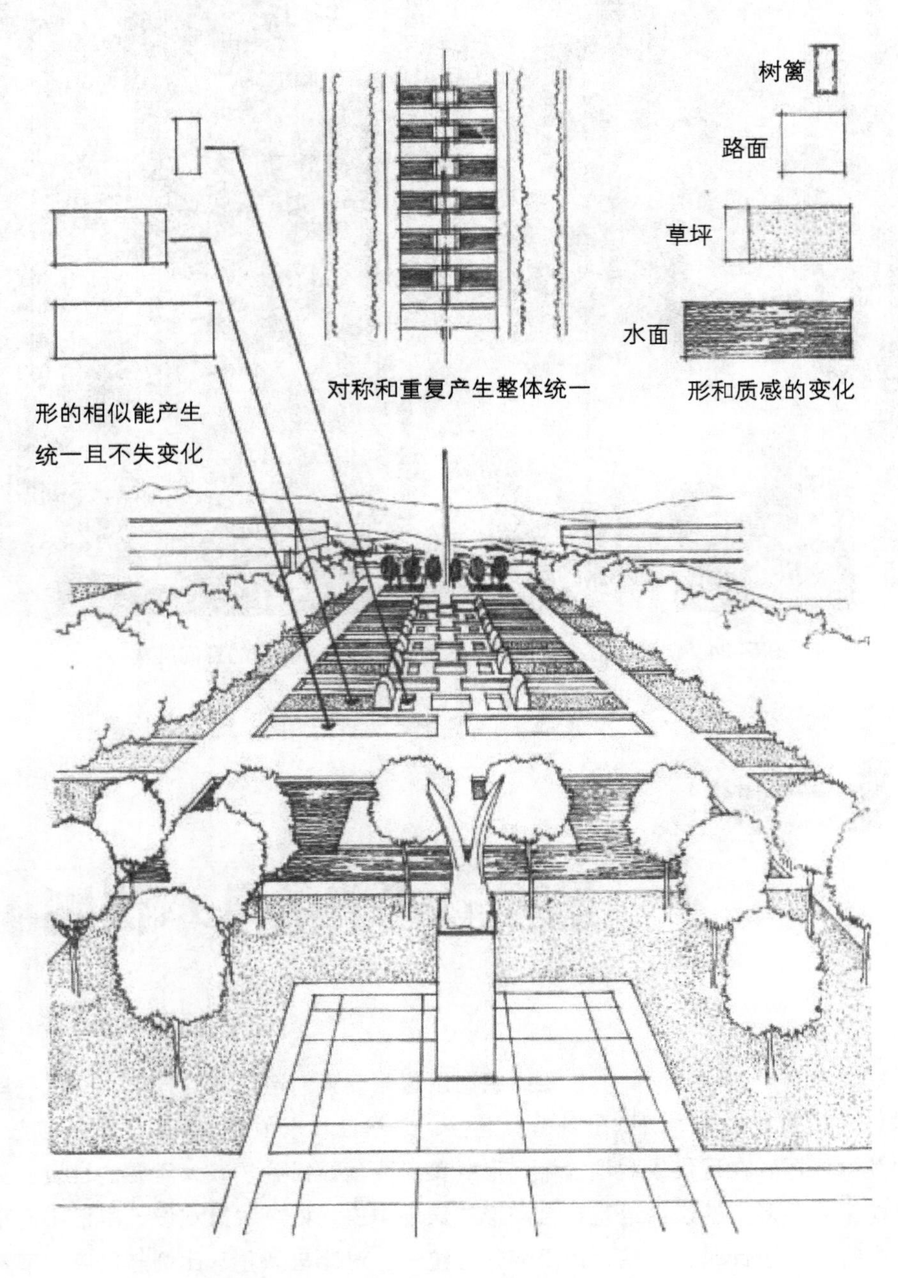

图5-25　变化与统一

在景观设计中，要把握整体的格调。整体的格调是取得统一的关键。任何一个景观，都有一个特定的主题，我们应该在分析其所在的场地、周围的环境、景观的功能、景观的目的，以及景观的主题等各种因素后，确定一个整体的构思，表现出其整体的格调。在设计的过程中，将这一整体的构思和整体的格调贯穿于景观设计的全部要素之中，便形成了统一的特色。统一手法一般是指在环境艺术要素中寻找共性的要素（如类似的形状、类似的色彩、类似的质感，以及类似的材料）等，在统一协调的基础上，可以根据景观表现的重点和主题，进一步发展设计，寻求变化，形成序列感，同时丰富设计。因此，多样统一的设计法则是突出、体现整体风格，使人们对景观的整体印象亲切而深刻。例如：当屋顶花园的主题与格调以表现休闲为主时，景观设计师选用了圆和弧线，这时景观造型形式虽然很多样，但都是统一于各种圆和弧线当中，以使设计显得丰富而协调。

Hebil 157 Houses 建筑景观案例：该项目是位于土耳其西南海岸博德鲁姆半岛上，共有 5 间高档住宅别墅。别墅群于风景中凸起，召唤着人们对传奇火山（位于别墅区域附近）岩浆流的古老记忆。建筑师通过该设计表达了“建筑是地形的延伸”的理念，最大限度地减少高差变化成为整个设计的根基，建筑师准确地把握了整体设计的格局，空间流畅地连为整体，毫无分隔感。屋顶由植被、木地板、当地石头、水疗浴缸等元素重复构成，整体统一。但不规则的斜线造型与高差变化，又丰富了空间的层次，使空间变化有序。火山岩浆上的别墅群景观如图 5-26 所示。

图 5-26　火山岩浆上的别墅群景观

二、对比与微差

对比是指造型要素之间显著的差异，微差是指保持差异的同时强调共性。一般来说，对比强调差异，而微差强调统一。对比与微差也就是美学上的“统一中求变化，变化中求统一”。缺少对比会使人感到单调、缺乏美感，可是过分地强调对比就会使景观失去协调一致性，造成人视觉上的混乱。正确地运用对比与微差可以使各种要素相辅相成，互相依托，使各种要素既显得活泼生动，又不失于完整。

在景观设计中，景观设计师常用对比的手法来突出主题或引人注目。对比用得好，可以突出主题，烘托气氛。我国造园艺术中的万绿丛中一点红就是对比手法的一种运用。西安盆景园中有一处大草坪，草坪上只有一株红枫，在绿色的草坪上红色的枫树纸条细柔斜出，使空间顿时明亮起来，二者形成鲜明的对比，也形成独特的意境。

如果把微差比喻为渐进的变化，那么对比就是一种突变，而且突变的程度越大，对比就越强烈。如图5-27所示为微差的积累。在铺地中应用对比和微差，会使铺地富有趣味性。

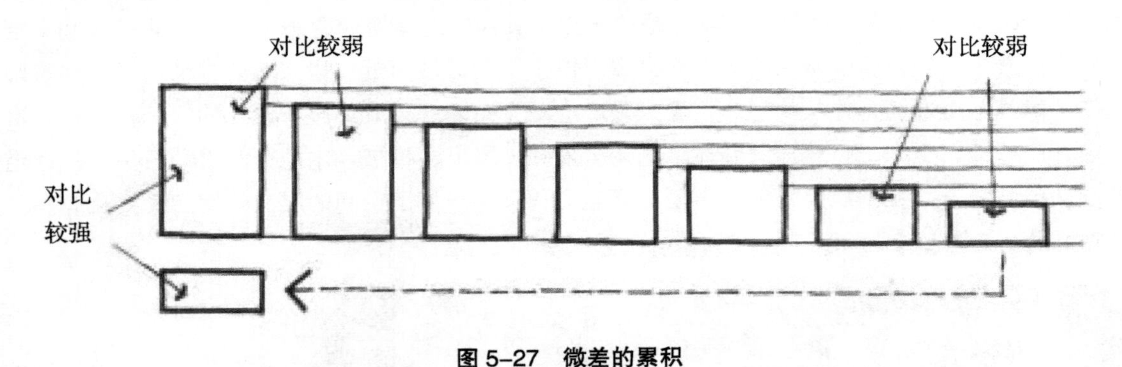

图 5-27　微差的累积

对比和微差的类型有很多，如形状的对比与微差、大小的对比与微差、色彩的对比与微差、质感的对比与微差等。在设计中只有在对比中求协调，才能使景观丰富多彩，生动活泼，而又风格协调、突出主题。对比与微差运用示例如图5-28所示。

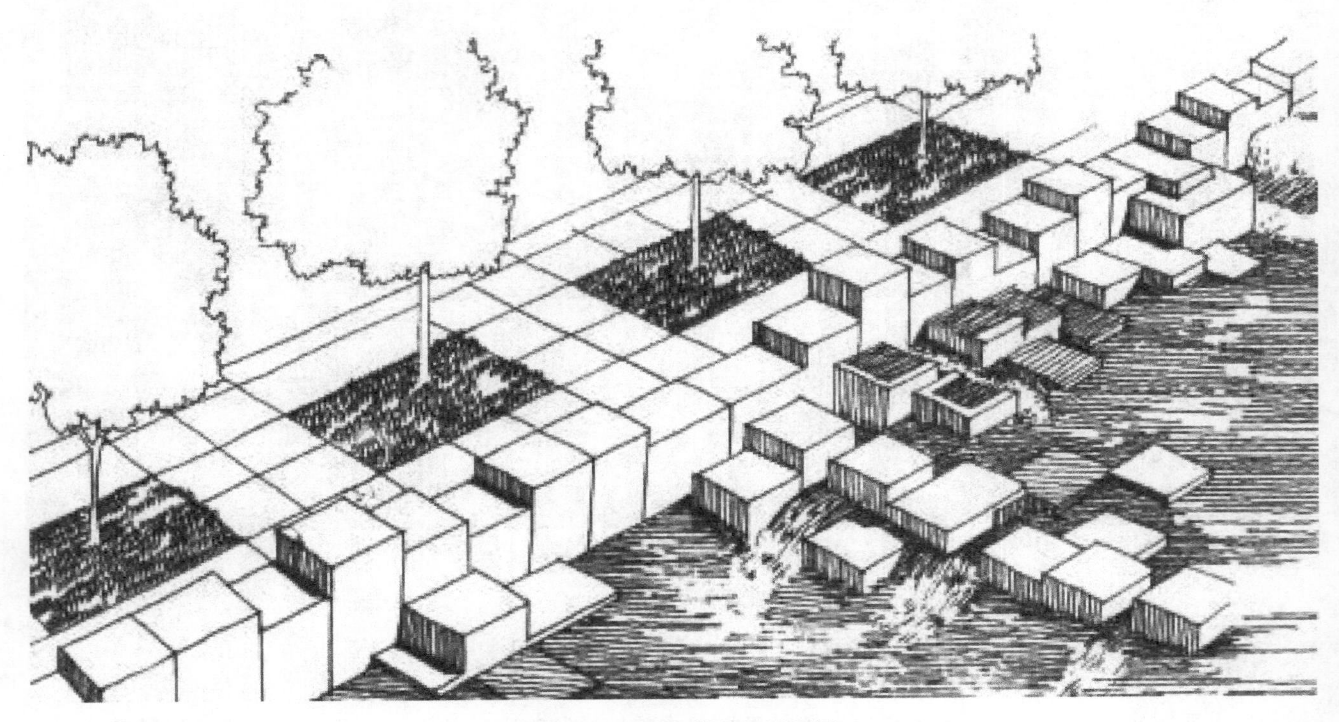

图 5-28　对比与微差运用示例

需要注意的是，对比与微差使用的比例要看所设计的景观的具体要求。例如：对于休息空间，应多采用微差的手法，以营造安静、平和、稳定的空间感受；对于娱乐空间，应多采用对比的手法，以引起人们的感官刺激。另外，为老人设计的空间应该多采用微差的手法，为儿童设计的空间，可应多采用对比的手法，以符合不同使用者的生理和心理特点。

Indautxu Square 广场景观案例：该项目是位于西班牙港口城市毕尔巴鄂的改建广场，建筑师在广场中间画了一个直径为 40 m 的大圈，并用一圈半透明的玻璃廊架包围大圈，圈内的空间可作为书籍展览、美食展览、艺术展览等公共活动的空间，圈外的广场空间满满地点缀着大小不一的圆形花园，人们可以在花园中任意漫步，坐落休息，欣赏花树。景观设计师利用对比与微差的手法增强了平面空间的趣味性，如图 5-29 所示的圆的对比和微差。在立面空间上，广场上的灯具造型突出，形状有些像叶子，成为广场上不可忽略的主要元素。广场灯具有 10 m、8 m、6 m 三种高度。围绕中心大圈玻璃廊的是内圈布置的 10 m 高的灯具，10 m 高的灯具向心性向内照亮大圈。第二圈布置了 8 m 高的灯具，最外圈布置了 6 m 高的灯具，第二圈和最外圈的灯具向心性向外照亮广场，景观设计师利用灯具高度上的微差丰富了广场立面层次，如图 5-30 所示。

图 5-29　圆的对比与微差

三、比例与尺度

在景观设计中，比例的运用贯穿于景观设计的始末，这主要表现在以下两个方面。一方面，景观各个组成部分之间及各部分与整体之间的比例关系。例如：景观的入口部分在整个景区所占的比例是否合适；景观的起始阶段与景观的中心所占的比例是否合适；在小区活动中心，儿童活动场地所占的比例是否合适；儿童活动场地和老年活动场地的比例是否恰当等，这些都属于在规划阶段就应该考虑的各种比例问题。另一方面，

图 5-30　灯具高度上的微差

景观各组成部分整体与局部的比例，及局部与局部之间的比例，这主要涉及具体微观方面的设计，应用更加广泛。以一个广场设计为例，广场的硬质景观占广场的比例、广场所选用的地砖的大小与面积的比例，广场上选用植物的大小与广场的比例等均属于这一方面的比例。几乎每一个设计要素都要考虑比例关系，各景观要素之间的比例推敲是设计的关键。可以说比例无处不在，只要进行景观要素设计，就要考虑其比例关系。

在景观设计中，景观设计师要明白比例不只是视觉审美的唯一标准，它还受功能要求、艺术的传统、社会的思想意识及工程技术、材料等多种因素的制约。以广场为例：从功能角度来看，如果广场是位于商业中心的广场（主要用于人流的聚集、疏散或休息），那么硬质景观应占主要比例，广场上的植物在考虑遮阴的前提下，体量不能过大，过大则会影响周围的商业等；如果是主要用于休闲的市民广场，那么硬质景观的比例就要大大缩小，人工景观与自然景观的比例也要相对减小，广场上可以栽植一些体量比较大的植物，以形成独立的植物景观。从艺术传统来看，中国的古典园林建筑中建筑所占的比例较大，而西方传统园林中建筑所占的比例是很小的。因此，不能孤立地从审美角度去研究比例，而是要综合地结合各种因素去研究比例。

比例主要表现为各部分数量关系之比，是相对的，不涉及具体尺寸。和比例相连的另一个范畴是尺度，尺度研究的是建筑物的整体和局部给人感觉的大小印象和其真实大小之间的关系，尺度涉及真实的大小和尺寸。

由于景观过大，或者由于许多景观要素不是单纯地根据功能决定的，在景观设计中，景观设计师常常会忽略尺度的概念。为了把握尺度，在处理尺度的关系上，景观设计师可以根据与人密切相关的要素作为尺度标准。例如：通过一些为人服务的景观设施（包括座椅、栏杆、小型建筑等）来确定景观的具体尺度并协调各景观要素的比例。

在某些特殊功能和特殊主题的景观设计中，景观设计师可以有意识地利用超尺度的手法来达到特殊的效果。例如：在纪念性景观设计中，景观设计师有时用夸大的尺度来显示景观的恢宏壮观，以使人感到自身的渺小，从而产生敬畏的感情；在微缩景观中，景观设计师用缩小的尺度把别处的景观微缩移植过来供人们参观。

2014 年青岛世界园艺博览会“论道”展园景观案例：人与自然和谐相处是我们的理想生活状态，2014 年青岛世界园艺博览会（世园会）于 2014 年 4 月 25 日正式开园纳客，润衡集团作为本届世园会的受邀单位，主导并建造了“论道”展园。在“论道”展园的设计理念上，运用真实尺度的桌子和椅子的剪影为元素，具有实际宽度的桌子也是整个墙的结构支持。在空间的营造上，该展园大胆运用夸张实际尺度的设计手法，把我们日常生活中的长桌、高椅和花毯融入设计中，塑造出四个层次、特点各异的园林空间，为观赏活动的展开以及昆虫鸟类栖息提供和打造了一个立体的空中花园，表达了人与生物在环境中的平等。“论道”展园利用适当放大尺度的设计手法（如图 5-31 所示为夸张了现实中桌椅的尺度），为我们与大自然之间搭建了一座沟通之桥。“论道”在展园内，我们不仅能体会到天人合一的禅境，而且还唤起了我们对自然的尊敬，使我们走进自然，使生活走进自然。而不同类型的高椅，更是为我们带来了不一样的感受，如图 5-32 所示。

图 5-31　夸张了现实中桌椅的尺度

四、节奏与韵律

节奏与韵律是音乐中的词汇。节奏是指音乐中音响节拍轻重缓急有规律的变化和重复。韵律是指在节奏的基础上赋予一定的情感色彩。景观要素的节奏与韵律是通过体量大小的区分、空间虚实的交替、构件排列的疏密、长短的变化、曲柔刚直的穿插等来体现的。

同一种或同一组造型要素的连续反复或交替反复能够在视觉上造成一种具有动势的丰富的秩序视觉效果，

(a)

(b)

图 5-32 不同类型的高椅

给节奏带来多样性，使其具有强烈视觉感的韵律美。在单一造型要素重复出现的情况下，可以通过插入截然不同的新形态来寻找突破，以产生强烈冲击力的视觉效果。

在景观设计中，景观设计师常采用点、线、面等造型要素来实现韵律和节奏，从而使景观具有秩序感、运动感，在生动活泼的造型中体现整体性。韵律具体包括下面几种。

（一）简单韵律

同种的形式单元组合重复出现的连续构图方式称为简单韵律。简单韵律能体现出单纯的视觉效果，秩序感与整体性强，但往往显得单调。例如：行道树的布置、柱廊的布置、大台阶的运用等。如图 5-33 所示为舒特住宅花园链状小溪形成简单韵律。

图 5-33 舒特住宅花园链状小溪形成简单韵律

（二）交替韵律

两种以上因素交替等距反复出现的连续构图方式称为交替韵律。交替韵律由于重复出现的形式较简单韵律的多，因此，在构图中，其变化较多、较为丰富，适用于表现热烈的、活泼的具有秩序感的景物。例如：两种不同花池交替组合形成的韵律、两种不同材料的铺地交替出现形成的韵律均为交替韵律。如图 5-34 所示为几何形广场形成交替韵律。

图 5-34　几何形广场形成交替韵律

（三）渐变韵律

渐变韵律是指重复出现的构图要素在形状、大小、色彩、质感和间距上以渐变的方式排列形成的韵律。这种韵律根据渐变的方式不同，可以形成不同的感受。例如：色彩的渐变可以形成丰富细腻的感受；质感的渐变可以带来趣味感；间距的渐变可以产生流动疏密的感觉等。总体而言，渐变韵律可以增加景物的生气。如图 5-35 所示为整齐的排列形成渐变韵律。

细胞生活大地景观案例：该项目位于英国一座占地百亩以上的庄园，细胞生活是 8 个景观地貌、4 个湖泊和连通它们的长堤一起组成的大地景观雕塑。绿色流体几何形状的漩涡用抽象的方式体现出细胞的有丝分裂、细胞膜与细胞核等关系。景观设计师利用延绵起伏的线性地形加以有规律的重复和变化，营造出一个具有生命力、秩序感、运动感的人工自然景观。细胞生活大地景观如图 5-36 所示。

图 5-35　整齐的排列形成渐变韵律

图 5-36　细胞生活大地景观

五、对称与均衡

对称与均衡是一切设计艺术最为普遍的表现形式之一。由对称构成的造型要素具有稳定感、庄重感和整齐的美感，对称属于规则式的均衡的范畴；均衡也称为平衡，它不受中轴线和中心点的限制，没有对称的结构，但有对称的重心。均衡主要是指自然式均衡。在景观设计中，均衡不等于均等，而是根据景观要素的材质、色彩、大小、数量等来判断视觉上的平衡，这种平衡给视觉带来的是和谐。对称与均衡是把无序的、复杂的形态组构成秩序性的、视觉均衡的形式美。

在自然界包括人自身，绝大多数事物都是均衡的，在重力场的作用下，都体现出很稳定的形态。

应用一些技术手段来打破上小下大、上轻下重的稳定形式（即打破均衡与稳定的形式），往往可以给人带来新奇的感觉。过多地打破使用这种形式，会造成人心理上的担心、焦虑，使人产生失控的感觉，失去视觉美感。因此，这样打破均衡与稳定的形式应该在景观设计中得到控制。

均衡包括静态均衡与动态均衡两种。静态均衡中又包括对称均衡和非对称均衡两种。其中，由于对称的形式本身具有均衡的特性，因而对称均衡具有完整统一性，而且对称均衡由于具有严格的组织关系使得这种均衡体现出一种非常严谨、严肃、庄严的感觉，如图 5-37 所示。因此，

图 5-37　对称均衡

无论是中国封建社会的宫殿还是欧洲古典园林，都运用对称均衡来体现皇权至高无上的地位。在现代景观设计中，对称均衡也常常使用在强调轴线、突出中心的设计部分中，或是用于比较严肃的设计主题当中，如政府办公楼前的景观设计。

相对对称均衡来说，非对称均衡各组成要素之间的设计要更灵活一些，非对称均衡主要是通过视觉感受来体现的，设计显得更轻松、活泼、优美，因而在现代的景观设计当中，更多地使用非对称均衡的手法，如图 5-38 所示。

图 5-38　非对称均衡

动态均衡是依靠运动来求得平衡的，如螺旋的陀螺、奔跑的动物、行驶中的自行车都处于动态平衡中，一旦运动终止，平衡的条件也随之消失。由于人们欣赏景物的方式有静态欣赏和动态欣赏两种，尤其是在园林景观中，更强调动态欣赏，因此，景观设计非常强调时间和运动这两个因素。在这一点上，中国古典园林所强调的步移异景等造园思想就体现出中国古代造园家在园林设计中运用了动态平衡的实际手法。在现代景观设计中，更是要将动态平衡与静态平衡结合起来，在连续的进行过程中把握景观的动态平衡变化。

张庙科普健身公园景观案例：该项目位于上海市宝山区，设计代表了我们的一种城市更新态度，通过市民的自发活力塑造城市空间的形态，步道、广场舞平台、交流区与绿化相融共生。整个设计在“景观都市主义”理论的指导下，运用景观系统打造城市转角空间，塑造了一个结合跑道、广场、绿化景观的生态系统。立体化的草皮植被创造了不同尺度的空间可能性，结合科普宣传的廊道空间又成为市民遮阴避暑的活动空间，而塑胶铺设的市民健身步道更是成为整个地区最为热闹的夜间休憩活动场所。城市空间的民主性、公民性和公共性在这小小的街角得到了充分的体现。景观设计师利用非对称均衡的造型样式，展现了景观都市主义的现代感，如图 5-39 所示。

图 5-39　秩序与均衡的形式美

六、主从与重点

每个整体都由若干要素组成，每个要素都有自己不同的重要性和地位。在整体中，总有主角和配角，如果每个景观要素都突出，即便排列整齐，很有秩序，也不能形成统一协调的整体。各种艺术创作中都有主与从的关系。

自然界的一切事物都呈现出主与从的关系，如植物的干和枝、花与叶、动物的躯干与四肢正是凭借着主与从的关系，才形成一个协调统一的整体。各种艺术创作中主题与副题、主角与配角、重点与一般等，也表现出一般的主与从关系。

在景观设计中，视觉中心是极其重要的，人所注意的范围一定要有一个中心点，这样才能形成主次分明的层次美感。在景观设计时，景观设计师要有意识地突出这个视觉中心点，使它明显地处于从属地位。近年来，艺术家经常提到“趣味中心”这个词汇，“趣味中心”也就是指整体中最引人注意的重点，它可以打破全局的单调感，使景观整体有朝气，这个中心明确与否关系到能否使观看者的目光一下子集中到景观的主题上来，但“趣味中心”有一个就足够了，如果没有，就会使人感到平淡无奇，如果太多，就会显得过于松散，整体的统一性也就荡然无存。一个重要的艺术处理手法就是在构图中处理主景与配景的关系，通过配景突出主景，从而使景观具有独特的特性或灵魂。具体的处理主景与配景关系的方法包括以下几种。

（一）主景升高或降低法

通过地形的高低处理，能够吸引人的注意。使用抬高地形形成主景的手法的最著名的景观是颐和园中的佛香阁，如图 5-40 所示。佛香阁体积庞大，位于湖面的中轴线上，但这些不足以使其成为全园的主景观，而把它放置在万寿山的山腰上使之成为景观的制高点，突出了其构图中心的地位降低法主景是利用下沉广场的做法。当地形发生改变后，人的视线也发生改变，俯瞰和仰观一样可以产生主景的中心。

图 5-40　主景升高形成景观中心

（二）轴线对称法

轴线对称可强调出景观的中心和重点，如图 5-41 所示。

图 5-41　轴线对称形成景观中心

（三）动势向心法

动势向心是把主景置于园林空间的几何中心或相对重心部位，使全局规划稳定适中，如底特律的哈特广场中的喷泉就运用了这种方法来处理主景与配景的关系，如图 5-42 所示：虽然周围景物不是对称布置，但喷泉所设置的位置为整个广场的几何中心，因此喷泉还是成为整个广场的中心。

Hilgard Garden 花园景观案例：该项目位于加州伯克利大学的附近，这个花园旨在拓展业主的户外生活空间。业主的院子具有一个陡峭的坡，坡上坡下各有一块平坦的用地可作为休息场所。为了避免占用过多的庭园面积，采用了高台地式布局，上面种上了日本枫树和芳香植物。业主希望将室外座椅区和娱乐区布置在靠近房屋的位置。庭院 400 平方英尺的户外活动空间是客厅的延伸，是一个新客厅。如镜的水池倒映着美丽的日本枫树，藏在锈蚀钢板中的折线灯从坡下串至坡上。坡顶的平台可以欣赏到

图 5-42　动势向心形成景观中心

旧金山和东湾的美景。景观设计师利用地台式布局，在庭园立面上形成了一个新的视觉中心，如图 5-43 所示。

图 5-43　地台式布局形成视觉中心

以上是景观设计中常采用的一些手法。形式美规律对景观设计一直起着指导性的作用，形式美规律是相互联系、综合运用的，并不能截然分开，我们只有在充分了解变化与统一、对比与微差、比例与尺度、节奏与韵律、对称与均衡、主从与重点等方法的基础上，更多地进行专业设计实践，才能更好地将这些手法灵活地运用于景观设计之中。

参 考 文 献

[1] 凯瑟琳·迪伊.景观建筑形式与纹理[M].周剑云，唐孝祥，侯雅娟，译.杭州：浙江科学技术出版社，2004.

[2] 克莱尔·库珀·马库斯，卡罗琳·弗朗西斯.人性场所：城市开放空间设计导则 [M].俞孔坚，译.2 版.北京：中国建筑工业出版社，2001.

[3] 彭一刚.中国古典园林分析[M].北京：中国建筑工业出版社，1986.

[4] 王向荣，林箐.西方现代景观设计的理论与实践[M].北京：中国建筑工业出版社，2002.

[5] 诺曼·K.布思，詹姆斯·E.希斯.住宅景观设计[M].马雪梅，彭晓烈，译.6 版.北京：北京科学技术出版社，2013.

[6] 王晓俊.风景园林设计[M].南京：江苏科学技术出版社，2009.

[7] 巴里·W·斯塔克，约翰·O.西蒙兹.景观设计学：场地规划与设计手册[M].朱强，俞孔坚，郭兰，黄丽玲，译.北京：中国建筑工业出版社，2014.

[8] 汤晓敏，王云.景观艺术学：景观要素与艺术原理 [M].上海：上海交通大学出版社，2009.

[9] 格兰特·W.里德.园林景观设计：从概念到形式[M].郑淮兵，译.北京：中国建筑工业出版社，2010.

[10] 麦克哈格.设计结合自然 [M].2 版.天津：天津大学出版社，2008.

[11] 周维权.中国古典园林史[M].3 版.北京：清华大学出版社，2008.

[12] 陈志华.外国造园艺术[M].2 版.郑州：河南科学技术出版社，2013.

[13] 丁绍刚.风景园林概论[M].北京：中国建筑工业出版社，2008.

[14] 田学哲.建筑初步[M].2 版.北京：中国建筑工业出版社，1999.

[15] 罗斯玛丽·亚历山大.庭园景观设计[M].韩凌云，徐振，译.2 版.沈阳：辽宁科学技术出版社，2012.

[16] 罗伯特·布朗.设计与规划中的景观评估[M].管悦，译.北京：中国建筑工业出版社，2009 年.

[17] M.Elen Deming，Simon Swaffield.景观设计学：调查·策略·设计[M].陈晓宇，译.北京：电子工业出版社，2013.

[18] 特鲁迪·恩特威斯尔，埃德温·奈顿.景观设计与表现[M].梁晶晶，等译.北京：中国青年出版社，2013.

[19] 许浩.景观设计：从构思到过程[M].北京：中国电力出版社，2011.

[20] 刘志成.风景园林快速设计与表现 [M].北京：中国林业出版社，2012.

[21] 徐恒醇.设计美学[M].北京：清华大学出版社，2006.